梅洛-庞蒂关于现象学特点的概念所包含的内容，在今天受到了当代生物学与神经科学研究方面的广泛支持。乔纳森·黑尔的这本书，强调并提炼了这位法国哲学家的重要而深刻的见解，对每一位建筑师来说，本书都是必读书目，可以去正确地思考人们是如何真正地认知他们所设计的环境。

哈里·弗朗西斯·马尔格雷夫，特别名誉教授
美国伊利诺伊理工大学

梅洛-庞蒂的哲学已经影响了很多建筑师的设计作品，如斯蒂文·霍尔[1]（Steven Holl）和彼得·卒姆托[2]（Peter Zumthor），也影响了那些著名学院的建筑学理论，值得注意的是：英国剑桥的达利博尔·韦塞利[3]((Dalibor Vesely)北美的肯尼思·弗兰姆普敦[4](Kenneth Frampton)、戴维·莱瑟巴罗[5]（David Leatherbarrow）和阿尔伯托·佩雷兹·戈麦兹[6]（AlbertoPérez-Gómez）以及芬兰的尤哈尼·帕拉斯马[7]（Juhani Pallasmaa)。梅洛-庞蒂认为人们对世界体验的价值，是通过将他们自己的身体立即参与到世界当中而获得的，这种价值比理解世界而获得的价值更大，这种价值是通过抽象物质、科学或者技术体系收集而来。

本书总结了梅洛-庞蒂的哲学所能提供的内容，尤其是为建筑师所能提供的内容。本书以他的著作为背景对建筑思潮予以定位，并把建筑思潮和一些主题联系起来，例如：空间、移动、材料与创造性。书中介绍了与梅洛-庞蒂相关的关键文字，并帮助解读了比较晦涩难懂的术语，同时为进一步阅读提供了快速参考。

乔纳森·黑尔是英国诺丁汉大学建筑学理论的教授和研究员。

---

1 斯蒂文·霍尔是美国当代建筑师代表人物之一，他的建筑被认为是建筑现象学理论在当代建筑上的最充分反映。霍尔的代表作品有赫尔辛基当代美术馆、比利时的 Sail Hybrid、贝尔维尤美术馆等。——译者注

2 彼得·卒姆托是著名的瑞士建筑师，2009 年获普利兹克奖，代表作品有瑞士瓦尔斯温泉、瑞士丘尔艺术博物馆等。——译者注

3 达利博尔·韦塞利是著名的建筑史学家以及理论家，是 20 世纪末最著名的建筑学教师之一。通过教学以及论著阐述了现象学和诠释学在建筑论述和建筑设计当中所起到的作用。——译者注

4 肯尼思·弗兰姆普敦是著名的建筑师、建筑史学家以及评论家。《现代建筑——一部批判的历史》是他的代表作之一，现为美国哥伦比亚大学建筑规划研究生院威尔讲席教授。1986—1990 年担任由密斯·凡·德·罗基金会赞助的位于巴塞罗那的 EEC 欧洲建筑奖评委会主席。——译者注

5 戴维·莱瑟巴罗是美国宾夕法尼亚大学设计学院教授，他研究的主要贡献在于现象学，比如：建筑是如何出现的，建筑如何被认知，地形学如何塑造建筑等。——译者注

6 阿尔伯托·佩雷兹·戈麦兹是麦吉尔大学傅国华建筑学院建筑历史与理论教授，是著名的建筑史学家，也是把现象学方法应用到建筑学的著名理论家。——译者注

7 尤哈尼·帕拉斯马教授退休前是芬兰理工大学建筑学院院长，著有世界上建筑学院经典教材《皮肤的眼睛——建筑与感官》，他是 2014 年普利兹克建筑奖评委之一。——译者注

给建筑师的思想家读本

建筑师解读 梅洛-庞蒂

[英] 乔纳森·黑尔　著
类延辉　王琦　译

中国建筑工业出版社

著作权合同登记图字：01-2018-7792 号

图书在版编目（CIP）数据

建筑师解读梅洛－庞蒂 /（英）乔纳森·黑尔著；类延辉，王琦译．—北京：中国建筑工业出版社，2020.7
（给建筑师的思想家读本）
书名原文：Merleau–Ponty for Architects
ISBN 978-7-112-24617-5

Ⅰ．①建… Ⅱ．①乔… ②类… ③王… Ⅲ．①梅劳·庞蒂（Merleau·Ponty 1908–1961）—哲学思想—影响—建筑学—研究 Ⅳ．① TU-05 ② B565.59

中国版本图书馆 CIP 数据核字（2020）第 016695 号

Merleau-Ponty for Architects, 1st Edition / Jonathan Hale, 9780415480727

责任编辑：戚琳琳 董苏华 吴 尘
责任校对：王 瑞

给建筑师的思想家读本
建筑师解读 梅洛－庞蒂
[英] 乔纳森·黑尔 著
类延辉 王 琦 译
*
中国建筑工业出版社出版、发行（北京海淀三里河路9号）
各地新华书店、建筑书店经销
北京点击世代文化传媒有限公司制版
北京建筑工业印刷厂印刷
*
开本：880 × 1230 毫米 1/32 印张：6¼ 字数：150 千字
2020 年 6 月第一版 2020 年 6 月第一次印刷
定价：29.00 元
ISBN 978-7-112-24617-5
（35324）

献给乔斯琳

目　录

丛书编者按

亚当·沙尔（Adam Sharr）

建筑师通常会从哲学界和理论界的思想家那里寻找设计思想或作品批评机制。然而对于建筑师和建筑专业的学生而言，在这些思想家的著作中进行这样的寻找并非易事。对原典的语境不甚了了而贸然阅读，很可能会使人茫然不知所措，而已有的导读性著作又极少详细探讨这些原典中与建筑有关的内容。这套新颖的丛书则以明晰、快速和准确地介绍那些曾讨论过建筑的重要思想家为目的，其中每本针对一位思想家在建筑方面的相关著述进行总结。丛书旨在阐明思想家的建筑观点在其全部研究成果中的位置、解释相关术语，以及为延伸阅读提供快速可查的指引。如果你觉得关于建筑的哲学和理论著作很难读，或仅是不知从何处开始读，那么本丛书将是你的必备指南。

“给建筑师的思想家读本”丛书的内容以建筑学为出发点，试图采用建筑学的解读方法，并以建筑专业读者为对象介绍各位思想家。每位思想家均有其与众不同的独特气质，于是丛书中每本的架构也相应地围绕着这种气质来进行组织。由于所探讨的均为杰出的思想家，因此所有此类简短的导读均只能涉及他们作品的一小部分，且丛书中每本的作者——均为建筑师和建筑批评家——各集中仅探讨一位在他们看来对于建筑设计与诠释意义最为重大的思想家，因此疏漏不可避免。关于每一位思想家，本丛书仅提供入门指引，并不盖棺论定，而我们希望这样能够鼓励进一步的阅读，也即激发读者的兴趣，去深入研究这些思想家的原典。

“给建筑师的思想家读本”丛书已被证明是极为成功的，探讨了多位人们耳熟能详，且对建筑设计、批评和评论产生了重要和独特影响的文化名人，他们分别是吉尔·德勒兹[①]、费利克斯·瓜塔里[②]、马丁·海德格尔[③]、露丝·伊里加雷[④]、霍米·巴巴[⑤]、莫里斯·梅洛－庞蒂[⑥]、沃尔特·本雅明[⑦]和皮埃尔·布迪厄。目前本丛书仍在扩充之中，将会更广泛地涉及为建筑师所关注的众多当代思想家。

亚当·沙尔目前是英国纽卡斯尔大学（University of Newcastle-upon-Tyne）建筑学院教授、亚当·沙尔建筑事务所（Adam Sharr Architects）首席建筑师，并与理查德·维斯顿（Richard Weston）共同担任剑桥大学出

---

① 吉尔·德勒兹（Gilles Deleuze，1925—1995 年），法国著名哲学家、形而上主义者，其研究在哲学、文学、电影及艺术领域均产生了深远影响。——译者注

② 费利克斯·瓜塔里（Félix Guattari，1930—1992 年），法国精神治疗师、哲学家、符号学家，是精神分裂分析（schizoanalysis）和生态智慧（Ecosophy）理论的开创人。——译者注

③ 马丁·海德格尔（Martin Heidegger，1889—1976 年），德国著名哲学家，存在主义现象学（Existential Phenomenology）和解释哲学（Philosophical Hermeneutics）的代表人物。被广泛认为是欧洲最有影响力的哲学家之一。——译者注

④ 露丝·伊里加雷（Luce Irigaray，1930 年—），比利时裔法国著名女权运动家、哲学家、语言学家、心理语言学家、精神分析学家、社会学家、文化理论家。——译者注

⑤ 霍米·巴巴（Homi，K. Bhabha，1949 年—），美国著名文化理论家，现任哈佛大学英美语言文学教授及人文学科研究中心（Humanities Center）主任，其主要研究方向为后殖民主义。——译者注

⑥ 莫里斯·梅洛－庞蒂（Maurice Merleau-Ponty，1908—1961 年），法国著名现象学家，其著作涉及认知、艺术和政治等领域。——译者注

⑦ 沃尔特·本雅明（Walter Benjamin，1892—1940 年），德国著名哲学家、文化批评家，属于法兰克福学派。——译者注

版社出版发行的专业期刊《建筑研究季刊》(*Architectural Research Quarterly*)的主编。他的著作有《建筑师解读海德格尔》(*Heidegger for Architects*)以及《阅读建筑与文化》(*Reading Architecture and Culture*)。此外，他还是《失控的质量：建筑测量标准》(*Quality out of Control: Standards for Measuring Architecture*)(Routledge,2010 年)和《原始性：建筑原创性的问题》(*Primitive: Original Matters in Architecture*)(Routledge，2006 年)二书的主编之一。

图表说明

第 1 章　绪论

1. 莫里斯·梅洛 - 庞蒂（1908-1961）。
   ©www.topfoto.co.uk

第 2 章　具身空间：不要想当然

2. 斯特拉克 - 第三只手，东京，横滨，名古屋，1980。
   照片：敏文（Toshifumi Ike）。
   ©Stelarc / T.Ike
   表现形式：因为感觉是首要的
3. 奥唐奈和托米建筑师事务所（O'Donnell+Tuomey Architects），路易斯·格拉克斯曼美术馆，科克，2004。
   照片：乔纳森·黑尔

第 4 章　建构学与材料：世界的肉身

4. 理查德·朗，走出的线（A Line Made By Walking，1967）。
   ©Richard Long.
5. 卡罗素·圣约翰建筑师事务所（Caruso St John Architects），新艺术美术馆，华沙，2000
   照片：乔纳森·黑尔
6. 卡罗素·圣约翰建筑师事务所，新艺术美术馆，华沙。
   照片：乔纳森·黑尔
7. 卡罗素·圣约翰建筑师事务所，新艺术美术馆，华沙；第二层楼梯平台。
   照片：乔纳森·黑尔

致谢

我必须感谢诺丁汉大学在 2009 年给予我一个学期的研究假期，那时我愚蠢地保证我在 7 月底便能够完成这本书。6 年来[①]，稿子经过多个修改版本，现在我需要对一些人加以感谢。2013 年春天，我的第二个短期研究假期使得我有机会去渥太华卡尔顿大学（Carleton University）做访问教授，在那里，热情洋溢的阿兹里利（Azrieli）建筑学院（尤其是学院的——现在和以后都会想念他们——的主任马可·弗拉斯卡里，还有罗杰·康纳）为我提供了令人兴奋的环境以验证一些理念。

感谢丛书编辑亚当·沙尔（Adam Sharr）策划了“给建筑师的思想家读本”丛书，感谢劳特利奇出版社（Routledge）建筑部的所有工作人员，尤其是弗朗·福特和乔治娜·约翰逊 - 库克，感谢他们的自信与耐心。此外，我也从格蕾丝·哈里森那态度和善的催稿中受益良多，这帮助我最后能够如期交稿。我之前的博士生肖靖为我的早期研究提供了很有价值的帮助，在我写这本书期间他也完成了他的博士后研究。我也得到了诺丁汉两个研究组的支持：“*科学技术与文化*”（Science Technology and Culture），是由法语学院富有激情的克里斯·约翰逊主持的；另一个是*空间的感觉*研究组，隶属于哲学学院。后者是始于和科麦润·罗丹 - 罗路的一个联合冒险行动，他如今已经隶属于设菲尔德大学，

① 建筑师解读梅洛 - 庞蒂于 2015 年出版，从 2009 年算起，作者花了 6 年时间完成这本书。因此作者自嘲自己在研究假期时愚蠢地认为：能够在 2009 年 7 月底完成这本书。——译者注

也为最后一版书稿提供了一些非常有价值并且是非常具体的评论。史蒂芬·沃克和哈里·弗朗西斯·马尔格雷夫也提供了极为有用的建议。我也必须感谢*“空间的感觉”*（Sense of Space）所邀请的演讲嘉宾，他们为有关于梅洛－庞蒂的著作带来了很多富有激情与洞见的特别时刻，他们是：托马斯·鲍德温、瑞秋·麦卡恩、戴维·莫里斯和乔伊·史密斯。

最后，最特别的感谢一定要送给我的好友特里斯·加尔文。如果我没记错的话，那是作为研究生在宾夕法尼亚大学的第一周，在那伟大的费内斯图书馆（Furness Library）的“salle des pas perdus”[①]大厅里，是他最早指引我去研究梅洛－庞蒂的著作的。

① “salle des pas perdus”是位于瑞士日内瓦的“万国宫”（Palais of Nations），暨联合国欧洲总部所在地，中的一座大厅，长56米，宽9米，高11米，为装饰艺术风格（Art Deco)。作者此处援引这座大厅来形同宾大费内斯图书馆中庭的恢弘。——译者注

莫里斯·梅洛－庞蒂（1908—1961年）

第 1 章

绪论

1

法国哲学家莫里斯·梅洛－庞蒂（1908–1961 年）从未撰写过任何一本有关于建筑的书籍，甚至是一个章节或者一篇文章。事实上，除了他频繁被引用到的“活生生的体验”（Lived experience）的日常状况外，他的研究中从来没出现过关于建筑物、空间或者城市的任何一种系统的解决办法。因此，想必人人都会明确地问到这一点：建筑师能从梅洛－庞蒂中解读些什么？

最初，他确实创造了一个强有力的论点，并时而将之称为“感知原力”（primacy of perception）；感知是全身行为的第一反应，这一观点是我们体验并理解世界的核心。梅洛－庞蒂的哲学思想，是建立在由德国哲学家埃德蒙德·胡塞尔和他的学生马丁·海德格尔在 20 世纪初所创立的传统现象学之上的，其所关注的最核心事实是，作为人类，我们无法回避我们是具身化实体的事实（embodied entities），因此，对梅洛－庞蒂来说，即使是与这两位成就斐然的前辈相比，也更加笃信“身体”是我们通向世界的第一种方式：换句话说，在我们开始用哲学思考之前，我们不得不首先与“具体情况”的肉身现实产生关联。他也描述了，我们是如何通过我们身体技艺和行为模式之全部才能的不断进化，又是如何通过探险和探索的过程去学习“面对”这个世界的。我们对于空间的最初理解通常是基于它实用的可能性——我们将其理解为一个容纳活动的结构化竞技场，并邀请我们以一种特别的方式去使用它。这种体验的理念，作为感知和行动之间不断进行中的相互影响，对我们今天如何思考建筑空间有着至关重要的含义。更进一步说，对我们如何得以设计出人们觉得有魅力的、令人兴奋的、并且有意义的场所来说更为重要。

2 对建筑师来说，需要更为仔细研究梅洛 - 庞蒂著作的另一个原因是他的确写了多篇虽冗长却意义重大的、关于其他形式的创造性表达的文章，主要涉及绘画和文学主题。近来，这些文章已经被收集起来并重新以《梅洛 - 庞蒂美学读本》（*The Merleau-Ponty Aesthetics Reader*）的书名出版（Johnson and Smith 1993），该读本表明超越哲学之外仍然有很多内容可以使人们产生兴趣。而对建筑师来说，更为重要的是梅洛 - 庞蒂的终生研究，他将之称为“感知现象学”（phenomenology of perception）：即那些典型的，想当然的起因于大脑、身体和世界之间不断进行的相互影响的日常体验的奇迹。通过一个连续的、经常令人振奋的“唤起”（evocation）过程 [在此处“唤起”指身体和日常世界的“最原始相遇”（primordial encounter）]，他描述了感官是如何从身体的体验当中自然而然地续承下来的，以及身体又是如何作为重要的枢纽在个体的内在世界和社会与文化推动力的外部世界之间发挥作用的。

在许多建筑描述中，通常反复被误解的一个描述是：现象学似乎是用来支持传统概念中将个体作为一个单独的理性“主体”的观点，该观点认为个体是意义的一种最高创造者，可以将世界本身作为一种意识思考的产物，它能够奇迹般地以思想独立构成（Hensel et al. 2009：145）。这本书的一个最关键的目的是提出一种理性的、可供选择的观点，即认为梅洛 - 庞蒂事实上应该被视作为“第一位后人类主义者”（protoposthumanist）思想家：他相信个体自身，或者主体的一种动态定义，并同时可以依赖于或者与它的自然和文化环境密不可分。梅洛 - 庞蒂也支持**生境**（Umwelt）的观点，该观点是由生物学家雅各布·冯·于克斯屈尔（Jacob von UexkÜll）所提出的，它表明了所有的有机体是如何有效地仅通过选择世界中所配备的那些“我们可与之相互动的特征”来“制造”它们自己的环境的。换句话说，这是我们所与生俱来的一种能力，在认知一种特定的属性（例如：翠绿的颜色）的同时，将该属性将被作为“我们自己”世界的一种特征去加以展示。也正是这个节点，在身体行为和环境机遇相接触时，一个有机体便开始了解它存在的意义，并最终——同样也是凌驾于进化的时间量程的——以“意识”的状态显现出来（Merleau-Ponty 2003：167；1983：159）。
梅洛 - 庞蒂将这种自身及其环境之间的相互独立性描述为 3
“世界无法与主体相脱离，但是主体对于世界而言仅仅是一个投影而已”（Merleau-Ponty 2012：454）。

梅洛 - 庞蒂事实上应该被视作为“第一位后人类主义者”（protoposthumanist）思想家：他相信个体自身或者主体的一种动态定义，既均依赖于又离不开它的周围（自然和文化）环境。

1.1　现象学与建筑

梅洛 - 庞蒂的研究与建筑之间剪不断的相关性的更深层的原因在于：他对推动现象学“运动”更为广泛的发展与影响作出了卓越的贡献。作为 20 世纪主要的哲学学派之一，在关于智慧思想与现实物质层面之间联系的问题上，现象学同时在建筑与其他领域均产生了重大影响。现象学是由德国哲学家埃德蒙德·胡塞尔在 1900 年开创，并在他的《逻辑研究》（*Logical Investigations*）中正式发表。具有现代形式的现象学对西方哲学历史中的一些最基本原则提出了质疑，包括自柏拉图时代起就颇为盛行的精神与身体之间长久分离的学说。而这一努力的成果在胡塞尔最杰出的学生，马丁·海德格尔的著作中尤为明显。海德格尔从所谓苏格拉底之前的，仅存不多的哲学碎片中所得出的观点，和由其之后的两千年中所产生的著作所得出的观点几乎一样多。尽管胡塞尔自己的研究对建筑学并没有直接的影响，但海德格尔的观点却被很多建筑历史学家、理论家和设计师所采用（Sharr 2007）。

最重要的现象学研究大多数都产生于 20 世纪 40-50 年代，但是直到 20 世纪 60 年代，这些观点，尤其是在英语母
4 语的国家，才开始对建筑学产生了真正的影响。其部分原因是原始版本和翻译版本之间的时间延迟；而两本最重要的独立著作，海德格尔的《存在与时间》（*Being and Time*）和梅洛 - 庞蒂的《知觉现象学》（*Phenomenology of Perception*），直到 1962 年才首次以英语面世。现象学和建筑理论之间的一个重要的早期链接是由克里斯蒂安·诺伯格 - 舒尔茨（Christian Norberg-Schulz）[①] 来达成的，尽管他最早期的著作，例如，《建筑的意向》（*Intentions in Architecture*，Norberg-Schulz 1966）与梅洛 - 庞蒂的早期研究共鸣一致，但是却也是受到了格式塔（Gestalt）[②] 哲学更为强烈的影响。这是一个在 20 世纪初开始发展的思想学派，是基于我们对已知范围世界的认知发展而来。这种观点指出世界是直接以“结构性

① 克里斯蒂安·诺伯格 - 舒尔茨（Christian Norberg-Schulz）是挪威著名的建筑理论家，建筑现象学的代表，是“存在·空间·建筑”，“场所和场所精神”等重要理论的奠基人。——译者注

② 格式塔理论是由德国和奥地利心理学家创立的，创始人包括：韦特海墨、考夫卡和苛勒。该理论强调经验和行为的整体性，反对当时流行的构造主义元素学说和行为主义“刺激 - 反应”公式，认为整体不等于部分之和，意识不等于感觉元素的集合。——译者注

的整体”或者有意义的模式而存在的，而非我们直接感知到的、感知主体不得不进行“解码”和诠释才能理解的知觉“数据”的随机结果。诺伯格－舒尔茨的后期研究更多地借鉴了海德格尔学说，尤其是海德格尔 1951 年的文章《筑·居·思》（*Building Dwelling Thinking*），这激发了诺伯格－舒尔茨关于“场所精神”（Spirit of Place）的思考。场所精神是在特定的环境中通过栖居（dwelling）的动态和积极的过程而逐渐显现出来的（Norberg-Schulz 1985）。通过接受使用场地所提供的有限的自然资源，并且和当地气候与传统建筑模式相协调，诺伯格－舒尔茨声称这种精神能够得以被保护和诠释，并续而可以因此延展至未来。

基于对栖居模式和技术当中传统的强调，应用到建筑学当中的现象学方法很快便和保守主义以及怀旧之情联系到了一起。从另一方面来说，一些相对近代的建筑作家，例如，肯尼思·弗兰姆普敦（Kenneth Frampton）和尤哈尼·帕拉斯马（Juhani Pallasmaa）也曾试图概括回归到形式、空间和物质的根本原则上的潜在可释放能量。而这些可能性或许能够最好地体现在那些受到现象学影响的设计师作品当中，包括，彼得·卒姆托（Peter Zumthor）、斯蒂文·霍尔（Steven Holl），还有瑞士建筑师赫尔佐格与德梅隆（Herzog & De Meuron）的一些早期作品。在认知建筑空间过程中，通过强调身体移动的核心角色，对光、声、温度和材料的感知属性，可以作为梅洛－庞蒂术语中的一种“原始语言”（primordial language）去理解，而这通常是由建筑使用者在无意识的情况下，将这种体验作为他们日常活动背景的一部分去体验的。

最终，建筑学中的现象学在一定程度上并不是一种设计方 5
法，而更多的是一种叙述形式，从我们作为建筑内部使用者去进行生活体验的角度，为建筑的描述、讨论和“定性”提供了一种强有力的方式。通过延展在我们周围不断展开的、丰富多彩的世界，它为我们的设计与栖居提供了一套工具，继而使我们能够在建筑物中获得更多的收益。正如梅洛 - 庞蒂自己所认为的那样，将现象学作为一种“观看之道”(way of seeing)，可以和诗歌以及绘画相提并论，也正如他提到的：

> 如同巴尔扎克(Balzac)、普鲁斯特(Proust)[①]、瓦雷里(Valéry)[②]或者塞尚(Cézanne)辛勤的劳动成果一般——通过同种注意力和幻想，相同的意识要求，相同的、去抓住对世界或者新生态历史的感觉的意愿。
>
> (Merleau-Ponty 2012: Ixxxv)

最后，建筑学中的现象学在一定程度上并不是一种设计方法，更多的是一种叙述形式，为建筑的描述、讨论和“定性”提供了一种强有力的方法。

1.2 梅洛 - 庞蒂与建筑

对建筑师来说，梅洛 - 庞蒂观点的主要含义可以在伦理学和美学的广义标题下去描述，而与这二者的相关内容将会在接下来的四个主要章节中具体阐述。一方面，他著名的、关于“肉体”(flesh)的综合概念表明了身体和世界之间存在一种隐含的连续性，这给我们所说的“伦理生态学”提供了一个坚实的哲学基础——也提醒我们应该更加注意我们自身对周围环境的极度依赖。另一方面，他的研究也为我们经常

① 普鲁斯特(Proust)是法国小说家，也是20世纪世界文学上最伟大的小说家之一。——译者注

② 瓦雷里(Valéy)是法国印象派诗人，被誉为“20世纪法国最伟大的诗人”。——译者注

感到无意识的美学喜好提供了一种阐述方式。而这种阐释是在它以智能术语加工处理并被揉碎为许多概念之前，通过对一个过程——即我们对周围世界的认知如何必然地始于身体与之的交互——的证明来完成的。他那关于“具身认知[①]是第一位的深度冥想”的想法表明，对我们所要知道的、关于我 6
们自己和世界的任何事物来说，身体既可以是一个框架，也可以是一个模型。

最近对梅洛 - 庞蒂关于具身认知的研究兴趣又再次回归。与具身认知交叉的若干相关研究领域包括：心灵哲学（philosophy of mind）、认知科学（cognitive science）、人工智能（artificial intelligence）和神经科学（neuroscience），在这些领域，身体所起到的核心作用已经建立了认可（Gibbs 2005; Clark 2008; Clarke and Hansen 2009; Shapiro 2011）。我试图尽力从多个领域通过引用文献，去将对此生机勃勃的兴趣感描述出来，尤其是借鉴一些新的，可以帮助我们提炼并证实那些梅洛 - 庞蒂自己也阐述得十分模糊的观点。除此之外，本书的另一个目的是想表明他的研究横跨了一个较为广义的建筑议题范围，远广于比较明显的材料应用，以及知觉体验。

当然，梅洛 - 庞蒂有关具身的描述中仍然存在着缺口：性别角色或许是最为重大的一项，尽管他偶尔会引用他的朋友，西蒙娜·德·波伏娃（Simone de Beauvoir）[②]著作的内容。不过他的研究也确实为合力的并性别差异性的议题留有余地，正如后期的作家，艾利斯·马瑞恩·扬（Iris Marion

① 具身认知（embodied perception）是心理学的一个研究领域，指的是大脑通过身体接触外部外界来认知世界。——译者注

② 西蒙娜·德·波伏娃（Simone de Beauvoir）是法国作家，存在主义哲学家，政治行动家，女权主义者和社会理论家。——译者注

Young)[①] 和伊丽莎白·格罗兹(Elizabeth Grosz)[②] 就令人信服地阐明了这一点（Young 1980; Grosz 1994; Olkowski and Weiss 2006）。他们所强调的是梅洛－庞蒂方法上的潜在可能性，而该方法能够说明不同形式的“具身”所隐含的意思，而不是男性和女性这一简单的二元对立：“在行为举止上，女性的存在具有一种特殊的风格，而这种风格包括了身体在普世存在中特殊的结构形态和条件”（Young: 1980: 141）。

他们所强调的是梅洛－庞蒂方法上的潜在可能性，而该方法能够说明不同形式“具身”所隐含的意思，而不是男性和女性这一简单的二元对立。

鉴于直接以任何形式的线性序列展现梅洛－庞蒂的观点几
7 乎不大可能，本书将以广义的建筑主题为框架，并遵从循环重复的模式。因此，每一个章节是以不同的方式讨论许多相同的观点。以此绪论中，建立的简单纲要为基础，后序的章节将会努力描绘一幅逐渐变得越来越丰满的图画。第 2 章、第 3 章和第 4 章将围绕着梅洛－庞蒂关于建筑空间、形式和材料等相关研究的关键要素展开，第 5 章则会强调设计中更为基本和创造性的含义，即他所描述的，从身体体验中逐渐涌现出来的起因。

1.3 莫里斯·梅洛－庞蒂是谁？

莫里斯·梅洛－庞蒂于 1908 年 3 月 14 日出生在位于法

① 艾利斯·马瑞恩·扬（Iris Marion Young）是美国政治理论家，女权主义者。——译者注

② 伊丽莎白·格罗兹（Elizabeth Grosz）是澳大利亚哲学家，女权主义理论家。——译者注

国西海岸的罗驰福特苏尔梅尔。1913 年，他的父亲去世，在此之后，他的母亲把他当作为一名天主教徒来抚养。在那里，他和他的兄弟姐妹们住在一起。他后来把这段时光形容为一段漫长且格外开心的童年时光。在这快乐的童年之后，他的职业一直沿着雄心勃勃的典型法国学术道路发展。在提前一年通过入学考试之后，他于 1926 年至 1930 年间，在巴黎高等师范学院（Éole Normale Supérieure）学习哲学。在那里，他结识了一些在战后成为知识领域的未来之星的人，比如，让 - 保罗·萨特（Jean-Paul Sartre）[1] 和西蒙娜·德·波伏娃（Simone de Beauvoir）。后来，梅洛 - 庞蒂和他们一同创建了如今仍然颇具影响力的文学 - 政治性杂志——《现代杂志》（*Les Temps Modernes*）。从 1933—1934 年，在法国伯韦的大学预科（在英国、伯利兹、挪威、加勒比等地此阶段被称为“sixth-form college”，是高中教育机构，学生多在 16—19 岁）教授哲学期间，他因受到了现象学和格式塔心理学最新发展的影响，而完成了在认知领域的首部作品。1935 年，他在返回到巴黎高等师范学院任职高级讲师后，提交了他的博士“小论文”，该论文后来以《行为结构》（*The Structure of Behavior*，1942）的标题出版。其间，他还以中尉军衔在法国军队里服役了 12 个月。在复员后，他于 1940 年重返教职并完成了博士学位论文的主要部分，并在 1945 年以标题《知觉现象学》（*Phenomenology of Perception*）出版。

在他最著名的作品大获成功之后，他紧接着就被任命为 8
里昂大学的哲学系教授。之后，从 1949—1952 年，他在巴黎大学（Sorbonne）担任儿童心理学和教育学教授。此后，

① 让 - 保罗·萨特（Jean-Paul Sartre）是法国哲学家、戏剧家、小说家、政治活动家和文学评论家。——译者注

他被授予法兰西学院（Collége de France）的名誉哲学主席一职。在梅洛－庞蒂之后，被授予这个职位的都是学术界的杰出人物，如：雅克·德里达和米歇尔·福柯（这些杰出人物参见《给建筑师的思想家读本》其他卷）。由于近十年来在教学和写作两项工作中都处于长期紧张状态，1961 年，他在圣米歇尔大街 10 号的家中死于突发性心脏病，享年 53 岁。当时他正在准备第二天的讲课内容，而关于笛卡儿折射定律的书本仍然敞开在他的书桌上。他留下了多项尚未完成的项目，包括其著名的综合性文本“交织－交叉”（*The Intertwining-The Chiasm*），在他去世后，这些文字和他的工作笔记一起被作为《可见与不可见》（*The Visible and the Invisible*）书中的一部分，于 1964 年出版。

在随后的几年里，他哲学学说的热度逐渐下降，主要是由于新学术流派的兴起，如结构主义和后结构主义一而许多人认为（现在也常常认为）这些流派的方法和现象学是对立的。如果梅洛－庞蒂还在世，那么他自己定会否认这一对立性，并将在他自己的研究中运用结构主义者的观点以发展他自己学说的方法论，而他将借鉴的学说包括：费尔迪南·德·索绪尔（Ferdinand de Saussure）[①] 的语言学理论，以及他的好友克洛德·列维－施特劳斯（Claude Lévi-Strauss）所研究的“结构人类学”。近年来，梅洛－庞蒂的研究再次回归，并在多个和具身广义内涵相关的领域拥有了新的追随者。这些追随者来自很多看似毫不相干的领域，例如，认知科学学科、人类－计算机互动交流、人工智能和高级机器人技术，与此同时，梅洛－庞蒂的观点更为直接地应用到了知觉、精神哲学、心理学和社会学等领域中。

① 费尔迪南·德·索绪尔（Ferdinand de Saussure）是 20 世纪瑞士著名的语言学家和符号语言学家。——译者注

第 2 章

具身空间：不要想当然

正如我已经提到的，“活动的身体”(lived body) 是梅洛 - 庞蒂哲学的核心。这里的“身体”并不是一种具有特定物理形式或者解剖结构的静态物体，而是一系列行为活动的可能性，即我们每一个人从内到外所有的体验。甚至有人会代替梅洛 - 庞蒂发言说，身体是他整个哲学思想的基石——即使他自己或许会相当反对这种建筑学上的类比。有一种理解是说，他将身体形容为我们所将要了解的、世界万物的隐性基础，而对读者来说，他循序渐进地展示了一幅愈发清晰的、隐藏的基础特殊功能的画面。正如我希望在该章节和接下来的章节中以不同的方式去说明的，梅洛 - 庞蒂为我们理解：我们的身体是如何为我们提供可以使我们“拥有世界”，以及又是如何帮助我们实现他称之为不断发展的、“主体进入其空间本源世界的”仅有方式的 (Merleau-Ponty 2012: 262)。在此构想下，我们就能够明白，为何对梅洛 - 庞蒂的哲学来说，具身体验是如此的重要，以及为何关注空间理解和空间组织的所有人都应当都对具身体验感兴趣。

这里的“身体”并不是一种具有特定物理形式或者解剖结构的静态物体，而是一系列行为活动的可能性。

首先，作为一名现象学家，梅洛 - 庞蒂着实是相当关注现象学的研究的；而在此背景下的现象学是“物呈现在我们面前的样子”(Things as they appear to us)。“现象学”

（phenomenology）一词最初源于希腊语中的**显现**（phaino）和**理性**（logos）二词[1]，此处，显现意指逐渐涌现或者“显露出来”，这和英语单词当中的**显灵**（epiphany），**幻影**（phantom）和**幻想**（fantasy）有些许关联，所有这些词语都有相同的词源。作为一种哲学方法，现象学专注于意识的结构和内容；换句话说，即现象学专注于世界上的物如何“为我们”显现，而不是它们如何真正地成为“它们自己”。起初，这听起来或许像是稀松平常，或许也有些卖弄学问的嫌疑，但这确实也是长期存在的、有关于哲学的范围以及哲学局限性讨论的一部分，也是有关于将科学真理，很明显地看作享有特权的终极知识领域的讨论的一部分。

而这议题的中心是科学被标榜为能够为我们解开世界真理的途径：准确地描述物体本来就有的属性，并完全地独立于人类的干涉之外。在 17 世纪早期，随着现在被我们称为现代科学的出现，科学调查便一直是以第一手观察经验的严谨方法为基础的。对此，要大大地感谢哲学家们的工作，像法国的勒内·笛卡儿（René Descartes）和英格兰的弗朗西斯·培根（Francis Bacon），这一获得知识的方法迅速代替了传统渠道，例如，古代经典中提到的“天赋智慧”（received wisdom），宗教信仰和怀疑论的说法。当然，尽管科学拥有许多显而易见的先进性，但是它还是众所周知地不愿承认样本观察者对观察结果所产生的那些不可避免的影响。而有关于科学的这一问题，直到 20 世纪早期，才得以公开说明。许多在整个物理学、热力学和量子力学领域被提

① “Phaino”意指显现出的特征，“logos”意指理性，此处是从词根学角度去诠释“phenomenology”的含义，意指理性地显现出特征。详细信息参见：宋继杰，（2011），海德格尔的现象学观念，*江苏社会科学*，2011，第 1 期，P.53-61。——译者注

到的所谓“观察者效应”（observer effects）的实例，与沃纳·海森堡（Werner Heisenberg）[①] 著名的“不确定性原理”（uncertainty principle）一同说明，在现实中，一些相关数量的精确测量之间是互相排斥的。此外，关于呈现在依旧神秘的、光的性质当中的事物的本质，在展现其波与粒子散双重特性的同时，也体现出一种更为基本的不确定性。随着近年来在亚原子层面越来越复杂精密的观察，这种神秘性只增不减（Barad 2017）。而在亚原子层面，相比起梅洛－庞蒂所撰写的，确定性似乎离我们越来越远。

埃德蒙德·胡塞尔在他的早期著作《逻辑研究》（*Logical Inuestigations*）中所表述的关键问题也是他在未完成的最后 11
一本著作《欧洲科学的危机》（*The Crisis of the European Sciences*）（1970/1936）中所强调的，科学知识似乎要依赖于数个基本前提，如那些在上述文章中已经提到的，然而这些基本前提在科学研究中却既没有被宣布过也没有被适当地澄清过（Husseri 2001；1970）。因为人们意识到并没有直接可以解决这些现实的终极本质问题办法，现象学家们努力集中精力去理解人类的体验，并接受了世界本身将会不断地超出或者超越我们所有人曾尝试认知它的限度的现实。

另一个现象学长久以来一直在着手处理的问题即是精神和身体领域概念的直接分歧，而这是从 17 世纪笛卡儿著作中所遗留下来的问题。这一所谓的精神－身体二元论的遗惑是由对这两个领域之间关联的解释而引发的，而这，也为解释我们到底是如何获取有关于世界的知识提供了两种对立的方式。

---

① 沃纳·海森堡（Werner Heisenberg）是德国理论物理学家，量子力学的先驱者之一。1927 年提出了不确定性原理，1932 年获得诺贝尔物理学奖。不确定性原理是指如果更为精确地确定一个粒子的位置，那么其确定动量的准确性会相应降低，反之亦然。——译者注

而在《知觉现象学》中，梅洛－庞蒂声称，他已经在这自古以来便互不相让的两个立场之间，发现了另一种中间方式，并称之为理智主义和现实主义（Intellectualism and Realism）。现实主义意指由17世纪英国哲学家约翰·洛克（John Locke）[①]提出的经验主义传统（Empirical Tradition），他将所有获得的知识形容为是“形成于”大量涌现的知觉数据对处于被动状态下的身体的轰炸。相比之下，理智主义论者的观点则包含把先前即定存在的精神分类投射到一个基本上是处于被动状态的世界之上，而在这个世界里，体验实际上是通过每个个体的意识活动所直接产生的。梅洛－庞蒂的方法明显不同于他人的方面是——这一点他也和马丁·海德格尔共享——即他们都承认知识事实上是始于具身体验的领域，只是到了后期，它才得以被用于理智分类的范畴。以常识视角来看，世界看上去似乎是被纯粹地划分为思想主体和实物（宽泛地讲，即人和物），而梅洛－庞蒂的观点则与此相反，他认为这一所畏常识视角实际上是一种人为的抽象。隐藏在这理智的覆盖面之下的，是一种更为原始的状态，而他把该状态用更为诗意的语言形容为存在于“普世之肉身”（flesh of the world）中间的领域（Merleau-Ponty 1968: 130-162）——在这一领域中，身体的“实践”体验逐渐展开，而“所反映出来”（reflective）的知识随即得以发声。[②]

① 约翰·洛克（John Locke）是英国哲学家，内科医生，英国著名的经验主义代表人物之一，世界公认的“自由主义之父。”——译者注

② 这一句话体现出现象学的真谛。那些“所反映出来的”知识，就是指那些也已成型的逻辑、哲学、广义上的语言，等等，总是号称拥有解释世界的无上权力。但是，事实上我们与这个世界的初次见面、初次接触、初次体验，却都是不可避免的通过我们自己那平常而渺小的身体来实现的。（该解释来自译者对原书作者的采访）——译者注

正是因为我们知道，凭借我们所独有的具身去占用空间是一 12
种什么样的感觉，我们才能够理解世界本身是如何由空间中的实物所组成的。

尽管看起来在梅洛－庞蒂野心勃勃的宏图大计中似乎存在着一种矛盾——即尝试把他之前已经暗示为超越哲学本身的体验领域进行哲学化——这也是他去“反映那些尚未反映的”事物的尝试，这确实提供了一些重要的洞见，而至少也是对于存在于“活动的身体”中的空间性和“世界本身”中的空间性之间的紧密联系所进行的深入分析。换言之，会持此观点正是因为我们知道，凭借我们所独有的具身去占用空间是一种什么样的感觉——事实上我们化身为物质存在去“占用”世界上的空间——我们才能够理解世界本身是如何由空间中的实物所组成的。由梅洛－庞蒂提出的这一“可逆性”原则是为解释这一种双向关系，而关于这一点，我们将在第 4 章中，结合有关建筑物质性的讨论再进一步涉及。就当下而言，我们只需知道他也把该理论应用到了感知的研究上，他认为我们能够认知世界是完全通过我们身体自身的可感知性。

他用身体与其自身进行接触的实例论证了该观点，例如，当右手去触摸左手的时候，两只手同时会有知觉。在这种情况下，梅洛－庞蒂认为当中有一种重要的信息交换；这种回路反应允许一方的知觉通过另外一方的数据得以“确认”（Merleau-Ponty 2012：94f）。哲学家戴维·莫里斯（David Morris）称之为“身体和世界的交叉”（the crossing of the body and the world），从这种意义上说，我们和任何物体的互动将会不断产生某种令人好奇的混合知觉：与此同时我们或许认为，当我们触摸一个物体的时候，我们便已经体验到了物体**本身**，而这事实上有些误导性，因为我们真正认知到的是

13 物体和我们自身活跃的身体之间的**互动**本身（Morris 2004: 4f）。因此，只有通过利用身体自身的物质性，我们才能够去“遭遇”到实物：即一种脱离具身的、没有实体的精神，如果不是这样的话，我们永远都无法去触摸世界。换言之，与其说是一个物（身体）认知另外一个物（物体）——不如说是反之亦然——更准备地说，在感知的现象中，二者平等地共同承担了认知的过程：

> ……观者和物之间的实体厚度构成了物体的可见性，同时此可见性也是因观者的身体形成的；而他们之间的并非障碍物，而是介于他们之间的交流介质。……而身体的厚度，非但不是世界的竞争对手，反而是我向着“物”的核心一往直前的唯一方式……
>
> （Merleau-Ponty 1968：135）

对那些害怕被身体知觉误导的唯心主义哲学家们来说，解决办法很显然是需要撤回到令人舒适的确定性之上，即因精神过程而存在的内部世界的确定性。也因此，有了笛卡儿的著名论点“我思故我在”（I think therefore I am），或者更为准确地讲是：“因为我在思考，所以我才存在”（Descartes 1985: 127）。另一方面，在梅洛－庞蒂看来，身体所提供的感知信息并不仅不是不准确与错误的根源，它实际上反而是我们主要的知识来源：不是**屏障**而是通往世界的**桥梁**。

2.1 身体图式

为了能够理解我们是如何通过运动中身体的活动来获得进入世界的途径的，我们首先要感激我们活生生的身体为我们提供了一种特有的、有意识的意识（conscious awareness）

形式。对现象学思想家来说更具有代表意义的，是根据“意
向性”来理解意识本身；这可以理解为，当我们有意识的时候，
我们一定是意识到了一些事物，因此从来不可能出现空无或者
无内容的状态。而这个意识所指向的“物”，既可以是存在在世
界上“某个地方”的一个物体，也可以是主体内在意识的一种
情感或者精神状态。梅洛－庞蒂方法的新颖之处在于其能够
提出一种更为主要的意识形式：一种“身体意向性”，而这种意 14
向性能够使我们对一种状况得以有了初步的掌控或感知，同时
使我们得以应对源源不断出现的新体验。这种隐含的，或者直
觉的意识发生在理智分析之前，而这使我们可以，在明确地参
与到一种行为活动中的同时，“在后台”进行另一种行为活动。
例如，在一边想着安全驾驶过程中所包含的所有身体动作的同
时，一边和乘客进行一场深入的对话，而这是所有有经验的驾
驶员都可以轻而易举地达到的。这是我们所具备的一种在我
们通常称之为有意识的意识的层面之下，进行一种特定空间
中运动的身体能力，它为我们提供了一种解释方式，解释了
我们在世界表面之下的定位，而这个定位使得我们能够掌控
或者“应对”在我们周围逐渐显现出来的经验。

梅洛－庞蒂方法的新颖之处在于其能够提出一种更为主要的意识形式：一种“身体意向性”，这种意向性而能够使我们对一种状况得以有了初步的掌控或者感知，同时使我们得以应对源源不断出现的新体验。

这种身体意识形式的一个关键要素是对我们自己身体局限性和能力的感知。为了解释这一点，梅洛－庞蒂从先前有关于所谓的“身体图式”功能的心理学研究中借用了一些概念。这些概念最早由英国神经病学家亨利·海德（Henry Head）

和戈登·霍姆斯（Gordon Holmes）于1911年提出，后被引用于《知觉现象学》中（Merleau-Ponty 2012：31，123，142）。尽管由梅洛－庞蒂早期的著作翻译者造成的一些混淆，使得法语术语的**身体图式**（schéma corporel）被翻译为具有误导性的“身体意象”（body image），但是对梅洛－庞蒂来说，他所要表达的核心观点是：图式既不是一个静态的模板，也不是嵌入大脑中的一幅视觉画面。相反，身体图式会随着时间的推移逐渐显现并演化，它是我们不断与世界互动过程的一个结果。这一过程依赖于所谓的“本体感受”（proprioception）：即我们生来就具有的、身体在空间中对方位与位置的感知，同时也是我们身体的一部分与另外一部分之间的联系。本体感受的意识来自多个身体系统协作而来的数据，而这些身体系统中包括运动感觉（肌肉骨骼）和前庭（内耳）系统，它们共同作用以为我们提供运动感、方向感和平衡感。这些信息在大脑中得到处理，协助我们监控不断在发生的动作，并为我们提供调整我们行为的指令，以实现我们既定的目标。重复的动作逐渐合并为“积累”的技能，或是行为模式，续而，它们可以在既定的环境中，为我们身体活动的可能性提供一种潜意识。近来，一位美国哲学家肖恩·加拉格尔（Shaun Gallagher）[1]对这一过程作出了有利用价值的解释，他表明梅洛－庞蒂对身体图式的动态理解甚至提前预见了一些近年来神经科学的发展（Gallagher 2005）。

梅洛－庞蒂经常使用临床案例中所得出的证据来支持他的论点，其中包括对德国士兵约翰·施奈德（Johann Schneider）的研究，该士兵在第一次世界大战中脑部受损。虽然施奈德在明确的指令下，无法移动身体做出回应，但当要

① 肖恩·加拉格尔（Shaun Gallagher）是爱尔兰裔美国哲学家，主要研究具身认知、社会认知、精神病理学哲学。

求他做出一些在受伤前就学会的复杂动作时，他却能够非常完美地控制自己的身体。这就说明，大脑视觉皮质的破坏导致了他的视觉体系和触觉体系之间重要联系的断裂，续而阻断了，那些允许身体图式能够被有意识地应用到新情境下的身体常规的互动行为（Merleau-Ponty 2012：105f）。同样地，梅洛 - 庞蒂还引用了“幻肢感”（phantom limb）[①] 的现象，即被截肢者仍然能够感觉到已被截掉的肢体的疼痛。在这种情况中，病人神志清醒的视觉认知和身体图式发生了冲突，续而导致所截去肢体的清晰视觉证据被无意识的身体图式所否定，即身体图式仍然固执地认为自身是完好无损的（Merleau-Ponty 2012：101f）。当代神经科学已经再次对梅洛 - 庞蒂的大部分诠释进行了证实，例如，在维兰努亚·拉玛钱德朗（Vilayanur Ramachandran）的著名研究中，他利用镜子去帮助病人恢复对令人烦恼的幻肢感的控制（Ramachandran 2003：1-27）。

因此，对梅洛 - 庞蒂来说，身体图式在真正意义上，是一种模式相互关联的复杂网络：即一系列的“身体图式”有效地去适应于特定的情况要求。这一观点对梅洛 - 庞蒂来说是非常重要的，因为该观点基于“被表现出来即是在与世界相关 16
联”的这一原则，并为形成一种自我（Self）的全新概念打下了基础。因此，在梅洛 - 庞蒂看来，具身体现（embodiment）即暗示着“具地体现”（emplacement）[②]（Pink 2001），而从

① 幻肢感是指某部分肢体已截去后，截肢者仍有该肢体存在的感觉，这种感觉可以长期存在，此现象称为“幻肢感”。——译者注

② 目前中国学者对“emplacement”尚没有统一的译法，有的译为“就位”，有的译为“位所”等，张连海在《民族研究》2015 年第 2 期发表的“感官民族志：理论、实践与表征”中将其译为“具地体现”，与译为“具身体现”的“embodiment”相呼应，故本书中采用“具地体现”的译法。——译者注
另：可理解为：具现化的过程即暗示着将事嵌入到意识所感受到的客观世界中的过程——编者注

这种在社会与空间的背景下的嵌入感中，我们每个人的主观特性便逐渐形成。与笛卡儿将“思考主体”作为独立并且理性的实体不同，梅洛－庞蒂认为“自我”不应当是由它**是**什么，而是应当由它能**做**什么来定义的，这一点可以直接参照胡塞尔在关于身体的移动能力的讨论中所提到的术语：“……这些定义使得我们能够明确地将驱动力，即**运动的能力或者能源**理解为原始意向性。意识原本就不是‘我想’，而是‘我能’”（Merleau-Ponty 2012：139）。

与笛卡儿将“思考主体”作为独立并且理性的实体不同，梅洛－庞蒂认为“自我”不应当是由它**是**什么，而是应当由它能**做**什么来定义的。

2.2 运动认知

身体图式的观点也帮助解释：在起初没有援引概念的情况下，我们是如何自然而然地去体验所谓的“感知”的过程的，也可以理解为我们的身体对一种情境的“所见与所感”使得我们能够开始最初的认知。而这种对空间的特定类型或者空间“范畴”的普遍识别，便使我们为将要体验的事物建立了一种身体上的预期。因此，身体图式并非世界本身的“模型”，而是我们应对世界的一种方式。作为一套已获得的技能与行为模式，身体图式使得我们能够在我们周围的一系列环境中找到方向，而这些环境中的每一个，都是作为执行某种特定任务而存在的背景。这些任务或者是空间的功能便是我们意识注意力的通常关注点。而身体中的那些没有直接参与到任务中的部分，就会从我们的即时意识当中被“剥离出来”。在这种情况下，同样地，该空间的背景要素也会有效地从我们的视线中“消失”：

> 心理学家常说身体图式是动态的。简而言之，这一术语在实际或者可能的意义上，意指我的身体对我来说只是随时处于准备完成一种特定任务的一个形态。事实上，我身体的空间性，与外部物体的空间性或者“空间感觉”的空间性不同，并不是一种**位置上的空间性**（Positional Spatiality），而是一种**情境上的空间性**（Situational Spatiality）。如果我站在我的桌子前方并且借助双手倚靠在桌子上，那么只有我的双手是凸显的，而我的整个身体则排在双手之后就像彗星的尾巴一样。我并不是没有意识到我的肩膀或者是我腰部的位置；相反，这种意识包含在对我双手的意识当中，同时，我的整体姿势也由此被解读，所以也就是说，这个动作被解读为我的双手是如何倚靠在桌子上的。 17
>
> （Merleau-Ponty 2012：102）

正是感知的这种任务导向性是值得建筑师和设计师去特别感兴趣的，而对此我会在后面关于建筑功能的正式表达的章节里继续去讨论这一主题。而现在需要强调的是：作为基于先前体验积累不断进行的模式识别过程的一部分，身体图式是以一种间歇发挥作用的方式来运作的。因此，不同于需要消耗过长时间“上线”的意识应用，我们对不断呈现出来的体验的迫切性，需要一种更为即时的“意会”（sense-making）方式。所以，我们对一种情境含义的最初理解（即我们对现在正在发生事情的理解，以及如何应对它），实际上是通过一种梅洛 - 庞蒂称为“运动认知”（motor cognition）的过程而产生的：即对世界的一种预反射性的身体捕捉，并将所获取的信息作为行为的一系列结构性平台。身体也因此作为一种“认知飞轮”（cognitive flywheel），维持着我们持续不断行为活动的动量，进而为我们有意识的意识提供足够的时间，以一种更为抽象与概念性的方式来逐一处理所发生的体验。这种意识上的运动－认知形式，利用我们先前体验并不断演进的历史，而赋予我们一种身体上的能力，使我们能够以一种特殊的方式来应对“世界的请求”。这一观点，梅洛－庞蒂也部分地借鉴了法国哲学家亨利·柏格森（Henri Bergson）的理念，柏格森在他早期的作品《物质与记忆》（*Matter and Memory*）（1986）一书中写道：“我身体周围的物体，反映了我可能对它们进行的行为活动”（Bergson 1988/1896：21）。后来，美国心理学家詹姆斯·吉布森（James J. Gibson）也
18 在他关于环境“可供性”（affordances）概念中对梅洛－庞蒂的上述观点予以了认同：空间所提供给我们的那些行为活动机会，部分地取决于我们与它们产生互动的身体能力（Gibson 1986：127–143）。正如我们上述已经描述过的，这对梅洛－庞蒂来说，就意味着身体图式一部分是在内部构建，另一部分，则是由“外到内”而构建的：

> 对景象或场所进行定位的并不是我的身体，就像说它事实上是存在的、作为客观空间中的一个物，我的身体则是作为一个可能发生行为活动的系统，而对这个实质性的身体来说，其现象化的“场所”是由身体所进行的任务以及其所处的情境来定义的。
>
> （Merleau-Ponty 2012：260）

身体也因此作为一种“认知飞轮”（cognitive flywheel），维持着我们持续不断行为活动的动量，进而为我们有意识的意识提供足够的时间，以一种更为抽象的概念性的方式逐一处理所发生的体验。

仅仅作为一种意向性原则意味着，意识一定是对某种事物有“意识”，对梅洛－庞蒂来说，我们对空间的认知，总是会将其作为这种或某种行为活动的“情境”来看待。在他的第一本书《行为的结构》（*The structure of Behavior*）中，他给出了下述实例，即人们把空间“解读”为行为活动机会的场所：

> 对正在活动过程中的运动员来说，足球场并不是一个“物体”，……场上遍布了具有控制力的线（lines of force）（“码线”；那些线划定了“禁区”的界线），并同时清楚地界定了各自的区域（例如，与对手之间的“开放区域”），而这些，需要一种特定的行为活动模式来匹配，而这些线，会在运动员没有意识到的情况下，告知并引导他们在场上的行为活动。场地自身并没有交付给运动员，……而运动员成为了场地的一部分并能够感知到“球门”的方向，例如，正如他们能够即时地感知到自己身体所处的垂直 19
> 与水平面那样。
>
> （Merleau-Ponty 1963：168）

尽管运动员的例子看上去像一个“活动的结构性竞技场”的极端案例，但它仍然是一个十分有助于解释身体图式是如何依赖于养成的习惯或者行为模式的例子。正如梅洛－庞蒂认为的那样，只有通过习惯，我们才能获得“栖居于”（in-habit）空间中的能力，因为这种熟悉度可以使得我们驾轻就熟，并更专注于手头上的工作。在我们频繁使用的空间中，我们会对物体所处的方位拥有一种潜在的身体意识，因此，不需要刻意地付出意识，我们就能够自如地走来走去：

> 当我在我的房子内移动时，无须借助任何帮助，我便

能立刻知道，当我正在走向浴室时我要很近地经过卧室，或者当我往窗户外看的时候在我的左边就是壁炉。在这个小小的世界里，根据成千上万个真正的实物坐标，立即确定每一个姿势或每一个感知的方位。

（Merleau-Ponty 2012：131）

上述两个例子，以一种令人好奇的混合状态，暗含了所谓的“实用知识”，而这对梅洛－庞蒂来说，包含着两种知悉方式的结合，而这两种方式常常被视为处于对立的位置。此处，我指的是一种著名的差异性，是由英国哲学家吉尔伯特·赖尔（Gilbert Ryle）在他 1949 年首次出版的《心的概念》（*The Concept of Mind*）一书中所提出的。赖尔提出了一种根本的，就他所畏的“知道如何去做”（例如，具有执行一种特殊行为活动的实用能力）与所畏“知道”这样或那样的事物之间存在的差异到底是真的还是假的问题。（Ryle 1963: 28-32）。定义是有帮助的，它能够提醒我们身体知识（Bodily Knowledge）的不同之处，因为从某种意义上说，技能是无法被简单地描述成为某事物或被简单地翻译成为事实性陈述的。例如，读一本关于学习钢琴弹奏过程的书和真正地去学习弹钢琴是两码事。梅洛－庞蒂对运动认知的分析也进一步表明，人们在世界上行使功能的能力既包括**知道如何去做**某事也包括**知道什么时候**去做。以攀岩者那攀登特殊岩壁的能
20 力为例。一般而言，这既包括基本攀登岩壁的能力——至少能够达到一定程度的困难度——也包括攀登者具有识别他们的能力是否足矣攀登这处岩壁的能力。我们或许可以进一步认为，运动认知因此同时包含身体和社会意识：环境以一种特殊的方式为我们的行为活动承担了机会，与此同时，知道**什么时候**去做对我们来说是妥当的。

2.3 场所与记忆

先前的观点也提醒我们，即使是真实的或者建议性的知识仍然具有重要的、身体方面的价值，而从这种程度上讲，了解一个事实则不仅简单地包括能够将其从记忆中回想。更重要的，是了解如何以及什么时候去使用它；换句话说，即是知道事物与特殊的社会或文化背景的关联。而这一观点对于在“情境学习”旗帜下的近代教育理论产生了很强的影响。在“情境学习”中，教学总是发生在对真实 - 世界条件进行了模仿的教室内，或者是直接外出“实地考察”，而所学到的知识也可以直接应用的环境中（Lave and Wenger 1991）。当下可以十分明确的是，学习发生的场所对获得能力本身和回忆相关能力有着强有力的影响，而这一点也强调了一个重要的事实，那就是场所与记忆之间的关联会随之而形成许多建筑相关的后果。这一观点首次是由古罗马时期的演讲艺术教师们正式提出的，这些教师基于再次展现想象中的旅行的方式，为记忆篇幅较长的演讲而发展出了这一种技巧。他们通过把文章中的段落或者情节和一系列知名的建筑空间联系到一起，并想象他们自己正在再次追踪该路线过程，便能够轻而易举地借助记忆去发表演讲（Yates 1992：17-20）。

建议性的知识仍然具有重要的、身体方面的价值，而从这种程度上讲，了解一个事实则不仅简单地包括能够将其从记忆中回想。更重要的，是了解如何 - 以及什么时候 - 去使用它。

如果回忆也涉及再次展现获取原本知识的过程 - 正如 21
近期神经系统科学中关于记忆的发展也已经开始表明的那样（Rose 2003：375-381），那么关于回想事实的能力至少有两种重要的身体维度，在其中一个维度中，所有的知识在某种程度上都是**情境式的**，也因此，这些知识既与习得它的场所相关联，也会被该场所所触发。正如梅洛－庞蒂所认为的："这正是当柏格森提到'回忆的运动结构'时，他所想要表达的意思"（Merleau-Ponty 2012：186），这同时也暗示着，回忆的行为过程实际上是包括"再次体验"的过程的。另外一个维度是指知识也承载着一种特有的**情感**负荷：神经科学家安东尼奥·达马西奥近期把它描述成为"躯体标记"（somatic marker）（Damasio 2000：40-42）。而这一定义的一个例证是我们对心理创伤的体验总是特别的难以忘记，并往往会导致对似乎无关紧要细节也拥有最为鲜活的回忆。

而从积极方面讲，习惯给予我们必要的身体技能，使我们在日常生活环境当中正常运作。正如上述所提到的，梅洛－庞蒂在他自己黑暗的住房内，无须过多地慎重思考便可以在当中走来走去。与此同时，这种熟悉度也会"产生轻视"（breed contempt），这就是说，我们会逐渐忽视我们日常周围环境当中的许多细节。从感觉认知层面上来说，这一效应也出现在心理学家称之为"习惯化"（habituation）的行为中，即身体对一种持续不断重复的刺激的反应会逐渐迟钝。尽管这可以使我们屏蔽如在一家繁忙餐馆中的嘈杂背景噪音的干扰，但如果我们想要保持对某种刺激的意识，就需要持续不断的提升刺激的强度。当我们触摸一个有机理质地的物体时，另一个关于习惯化的更为明显的例子便出现了：除非我们不断移动我们的手指，否则手指对粗糙表面的感觉很快就会消失。梅洛－庞蒂还将这一解释扩展为一种更为积极的视觉形式，同样地，他认为这种视觉形式主要依赖于不断保持的身体运动性："……每一种需要集中注意力的行为活动都必须被不断更新，否则它会陷落入无意识的状态。只有当我用眼睛仔细扫描时，我面前的物体才能被看得十分清晰”（Merleau-Ponty 2012：249）。换句话说，当我们凝视空间里的随意一点时，视觉场景会逐渐淡化，进而丧失绝大多数的深度与色彩，尤其是对于它的外形轮廓，而更为近期的试验也已经对此进 22
行了验证（Livingstone 2002：74-76）。

2.4 从包豪斯到库哈斯

显而易见的是一栋建筑物得以如何成功地被使用通常依赖于恰当地识别空间功能当中的线索这件事。而由此一来，将这一种观点作为支持建筑学功能表现的教条就太过简单。现代主义建筑常常被描述成为努力实现其形式“追随功能”，因此，在建筑物内部，使用者就能够意料到什么样的行为活动可能发生在其中。而当这种相关性太过紧密的时候就会产生一个问题，那就是空间会变得非常难以适应其他功能。对于需要根据日常需求而做出改变的多功能空间来说，这将成为一个大问题。在近代史中出现了一个并行的趋势——从密斯·凡·德罗到雷姆·库哈斯——都在趋向于一种宽松或者“通用空间”的发展方向，从而避免了任何明确的功能象征性。而这种做法的负面性就是建筑物可能最终会成为许多毫无特色的盒子，而这些盒子形成的环境本身只能为使用者创造性的行为活动提供微乎其微的刺激。为了克服这一倾向，一些作家，例如，斯图尔特·布兰德（Stewart Brand）[①]和弗莱德·斯科特（Fred Scott）[②]提出：建筑物应该被设计成为可以适应一系列周期性的变化，规模从可移动式家具到

① 斯图尔特·布兰德是美国作家，以作为《全球目录》（*The Whole Earth Catalog*）的编辑闻名。——译者注

② 弗莱德·斯科特是美国作家、教育家与修辞学家。——译者注

永久性的结构要素，而这些想法都包含在了布兰德所提出的“切变层”（shearing layers）的概念当中（Brand 1994：13）。在这种情况下，功能可供性也能在室内设计层面上得到更为直观的表达，进而使得人们可以根据空间使用的变化而更为容易地作出应变并更快地产生适应性。

其他可以避免这些问题的方法包括：美国建筑师彼得·艾森曼（Peter Eisenman）所提出的“批判性功能主义”（critical functionalism），他常常通过故意打破传统用法的方式来表现以及挑战一些既定预期。他最为明显——却并不是最微妙——的例子就是当前著名的六号住宅（House VI）。在六号住宅里，重叠格栅的几何构成形成了一个开槽，直接穿过了双人床的位置。对艾森曼来说，其设计出发点并非要否定，而是
23 要去激发使用者对空间的创造性使用，即提供了一种刺激——或许有人会说是一个起因——去激起一些以前从未有人尝试过的行为模式。类似的事情似乎也发生在一些历史性建筑的可适应性再利用上，先前使用者的踪迹往往依稀可见，并与其新功能所带来的更为明显的标志同时存在。在这些例子中，空间也向创造性使用者的积极参与发出了邀请，我将在第 4 章中根据总体的创造性，再返回来讨论更多细节。

对艾森曼来说，其设计出发点并非要否定，而是要去激发使用者对空间的创造性使用。

2.5 社会群体

将自我定义为“我能”而非“我是”的这种想法，将具身自我作为世界上的活性因子而置于舞台中央。梅洛－庞蒂确实是采用了海德格尔所使用的“存在于世界上”（being in the world）的术语来对他哲学课题的主题之一进行描述。语言在这里非常重要的原因是因为它包含了两位哲学家（梅洛－庞蒂和海德格尔）研究工作的核心原则：即我们不可以脱离世界其余部分而去研究人类“存在”的本质。因此，往往用“存在现象学”（Existential Phenomenology）这一术语名称来将他们的研究与胡塞尔的研究区分开来，尽管萨特（Sartre）关于个体自由的哲学与“存在现象学”的标签更为匹配。使得梅洛－庞蒂的研究与众不同的恰恰是他对存在于身体及其环境之间的原始连续状态的关注，而这种连续性在“主体和个体”这种人为概念划分之前就已经出现。在这一课题当中，他将自己置于和整个“客观思想”传统相对立的位置：

> 客观思想的连续作用是为了约减所有那些证实了主体和世界是一个联合体的现象，并且以作为**本质上**的物体以及作为纯粹意识的主体的清晰概念而取而代之。
>
> （Merleau-Ponty 2012：334）

在梅洛－庞蒂的理论中，我们已经看到万物是如何始于活生生的运动中的身体的，在这一点上，他比海德格尔的思 24
考要深刻得多。然而，如若是将之诠释为单独主体的支配性，则会是一个错误。尽管可以公平地说，梅洛－庞蒂在“自我”的塑造过程中常常会对社会结构所起到的核心作用轻描淡写，但若是从整体上去考虑他的研究工作时，可以清楚地看到，这在他的分析中仍然是一个关键部分。非常重要的是要记住，身体图式并不是对外表上身体或者行为能力的简单映射；相反，它们是由“**从外**而内”和“从内而外”共同决定的。这一逻辑是基于我们都是通过与周围世界的互动来发展我们每一个人的身体图式的。而这个世界也是早已由我们之前便存在的人们所共同构建的。对梅洛－庞蒂来说，一般意义上的感知，与获得的一系列技能相类似，是身体行为的一种特定“风格”—— 一种模式或者存在方式——即对他称之为来自周围世界诱惑力所作出的反应。而身体图式的概念也因此和被称为**习得状态**（habitus）的定义紧密地联系在一起；胡塞尔和梅洛－庞蒂都曾使用过这一术语，但却是后来的社会学家皮埃尔·布迪厄（Pierre Bourdieu）使该术语变得更为家喻户晓。对布迪厄来说，习得状态是一系列习惯，是特定群体普遍存在的性情和实践，尽管这一术语对于组合与个体之间的过渡是如何产生的这一点永远没有给出明确的解释。而与此同时，他把习得状态同时形容为一个被结构化的、和一个“正在结构化的结构”（Bourdieu 1990：53），他倾向于过度强调其对行为举止的控制性影响，而对于个体在持续重建这些组合型结构过程中所起到的作用则予以了淡化。而在梅洛－庞蒂看来，身体毫无疑问的是使得我们能够对被迫接受的社会规则进行反击的媒介，而在他后期名为“语言现象学”（*On the Phenomenology of Language*）的文章中，他也提供了一个更具有说服力的模型，以证明社会体系是如何进行动态演变的（Merleau-Ponty 1964c：84-97）。我稍后将在讨论设计师是如何挑战建筑传统时再返回继续论述该论点，但现在，理解身体图式如何使得我们得以“与世界中途相遇”显得尤为重要：

> 如果我真的是通过世界意识到我的身体，同时，如
> 25 果我的身体就是那个从未被感知到的术语，那个万物都
> 朝向着的世界中心，那么，这些理由便可以证明，我的
> 身体就是真正的世界中心。
>
> （Merleau-Ponty 2012：84）

身体图式并不是对外表上身体或行为能力的简单映射；相反，它们是由“从外而内”和“从内而外”共同决定的。

正如我们在先前足球场的例子中所认识到的，运动员必须对出现的机会不断进行反应，在整个球队取得组合性成功的基础上，每一个队员都将他们自己有效地“创造为”一名成功的足球运动员。同样地，通常在社会当中，我们时常会发现我们自己陷入了一场早已在进行中的“比赛”，在这场比赛中，所有运动员正在遵循的规则都是由在我们之前的其他人早已制定好的。在此情境下，我们别无选择，并只能自己通过观察其他运动员正在做什么以尝试了解接下来可能会发生的，进而尽我们全力去参与其中。而这一过程的创造性方面在于——与足球不同——每一名运动员也都在逐渐地改写规则，因为这些规则仅仅是通过运动员的行为活动与那些不精确也不准确的个体身体机能形式而存在于他们持续不断地动作再现当中。因此，习得状态从根本上讲，即使是在布迪厄的术语当中，也是一种不稳定的结构，因为我们每一个人就其的动作再现尝试，从来都不会和我们想要的一样准确。正如梅洛 - 庞蒂所认为的“那么历史既非永久的创新，亦非永久的重复，而是一种一边在创造稳定形式又在不断地将这些形式打破的独特运作方式。”（Merleau-Ponty 2012：90）。他所讨论的语言的逐步演进过程，即一种发生在我们大家使用这一体系时相似的修正过程，或许也是他表述得最为明确的观点。这一逐渐变异是通过他称之为“连续变形”（coherent deformation）的过程而产生的；那些经常性且细微的变化是通过每一个个体实现说话行为的过程而得以实现的。

因此，我们或许会说，就像功能性空间为行为活动提 26

供了可供性一样，语言以相同的方式也为交流提供了可供性。我们每一个人利用并开拓这些机会的独特方式——就像当我们用一种特殊的语调或者强调手势来改变我们语言时的那样——同时也对其他人如何诠释我们的行为活动产生了深远的影响。正是这些意义上的逐渐转换为系统增加了新的成分，并同时扩大了可用意义的标准，而这也恰巧和彼得·艾森曼想要做的一样。我将会在第 5 章关于设计创造性和创新性中再返回来讨论以上与语言相关的内容。当前来讲，我们需要提到的关键内容是梅洛 - 庞蒂有关于社会结构体系的敏感性的观点："学习讲话是为了去学习扮演更多的**角色**，是为了去实施一系列的行为或者语言手势。"（Merleau-Ponty 1964a：109）。在这个观点上，他受到他所阅读的、瑞士语言哲学家费迪南德·德·索绪尔（Ferdinand de Saussure）（众所周知被公认为是"结构语言学"的起源）的著作的强烈的影响，当然更不用说他的旧相识，结构人类学家克劳德·列维 - 斯特劳斯（Claude Lévi-Strauss）[①] 对他的影响。列维 - 斯特劳斯还曾将他的主要作品，即在 1962 年所撰写的《野性的思维》（*The Savage Mind*），"献给梅洛 - 庞蒂以表纪念"。尽管许多后来的评论员倾向于忽视梅洛 - 庞蒂思想中的这一重要社会维度，但近期，英国社会学家们已经修复了一些他重要的作品，以重新评估梅洛 - 庞蒂对后期思想家们的影响，例如布迪厄（Burkitt 1999; Crossley 2001）。

意图与领悟之间的这一明显的错配还体现在另外一个方面，例如，语言对于捕捉我们更深层次的情感或者稍纵即逝的感想所呈现出来的那种熟悉的无力感。相同的分歧也出现在性能总是有些差强人意的建筑里，而这些建筑原本是要

① 克洛德·列维 - 施特劳斯是法国人类学家和人种学家，他的研究对结构主义理论和结构人类学理论的发展起到了关键作用。——译者注

被设计成为如预期功能般的理想化版本。当我们感觉世界似乎阻碍了我们最美好的意图时，这些时刻更为积极的结果就是提醒我们，毕竟，我们只是与其他生命和物质所共同存在于世界当中的具身存在罢了。这也就是美国实用主义哲学家约翰·杜威（John Dewey）所描述的、世界上存在的一种矛盾的价值观，它会压抑我们想要改变世界的意图，在提醒我们还活着的同时，教会我们我们自身的能力和局限性：

> **活的有机体**能够意识到它的自然属性及其目标性的 27
> 唯一方式是通过战胜困难以及其所采取的手段；这些手段，在一开始仅仅是手段，却因集中了过多的冲动以至于与其理智意识难以相容，而在一条光滑并且是预先涂过油的、没有环境阻力的道路上，其自我又如何能意识到其自身的存在？
>
> （Dewey 1980/1934：59）

举一个简单的建筑实例，这可能会发生在我们每天开门的这一日常行为活动中。除了门把手的纹理和质量，我们还能感受到它的重量和门的平衡性，这就使我们可以根据我们已经储存在身体里的记忆，给予我们一种我们可能会在门后发现什么的暗示。正如尤哈尼·帕拉斯马曾有效地指出，通过门把手即是我们“和建筑物的握手”（Pallasmaa 2005：61），为我们提供了有关于空间特色的一种最初暗示，而后通过我们随即的体验，此空间可以被予以确认或者否定。

建成空间和语言都可以被描述为，我们不得不去接受，继而也会随着我们每一次对它们的使用而变化的社会结构体系。

2.6 从身体的延展到精神的延展

正如我们所认识到的，建成空间和语言都可以被描述为我们不得不去接受，也会随着我们每一次基于个人目的对它们的使用而变化的社会结构体系。由这些相遇所形成的“世界”，当然同等地也依赖于我们自己具身的特殊构造。为了解释这一点——正如我们已经知道的——梅洛 - 庞蒂借用了雅各布·冯·乌克斯库尔（Jacob von Uexküll）[1] 提出的**周围世界**（即德语中的 Umwelt，英语中的 surrounding world）这一概念，而他也在 20 世纪 50 年代末，于法兰西公学院演讲的一堂有关于**自然**的讲座中详细讨论了周围世界的观点（Merleau-Ponty 2003：167-178）。这一概念对所有活的有机体如何有效地“具体说明”它们自己所处的环境提供了一种新的理解：

> 28 **周围世界**标记出了“自我存在的世界”与“生命构成的世界”之间的差异性。它是一个作为绝对旁观者而存在的世界，和一个作为纯粹主观领域而存在的世界之间的一个中间灰色现实。这是世界最为本质的一个方面，而动物在此得以倚仗动物的行为来成为其本身。
>
> （Merleau-Ponty 2003：167）

乌克斯库尔总结道：每一个特殊的物种都能有效地存在于它本身特有的环境当中，部分取决于它**能做什么**，也同等地取决于它能**感知什么**。而这两个因素也都受到有机体特定的生理能力的制约；即其基本“身体结构”的布局及其感官系统构造的分布。例如，鸽子是五色体，即它们能够识别世界中的五种“基色”，而猫和蝙蝠则能够很好地洞察到超出人

① 雅各布 . 冯 . 乌克斯库尔是德国生物学家。他提出了著名的周围世界（Umwelt）的概念，并曾被符号学家托马斯 . 西比奥克（Thomas Sebeok）和哲学家马丁 . 海德格尔使用。由他的研究发展出了关于生物符号学的研究领域。

类听觉阈值的高频声音。当然，狗——和许多其他物种——主要靠嗅觉信号构建出它们的世界观，而一些生活在热带雨林中的猴子，只生活在树冠中，双脚从未碰触过地面。实际上每一种动物都居住在一种平行的宇宙当中，当然，它们仍然能够在重叠的实体空间彼此相遇。关于世界如何能够以不同感知的形式呈现，乌克斯库尔也做出了一些有帮助性的描述，以及一些极具吸引力的图表，并在 1934 年进行了首次出版（Uexküll 2010:61-70）。正如梅洛 - 庞蒂在《行为结构》中所写的“……有机体其本身会对周围事物对其所施加的活动进行权衡，随后再通过一个周期性的过程划定周围环境进行的界限”（Merleau-Ponty 1983: 148）。换言之，我们可以说不同种形式的具身实际上能够开启不同的环境形式。正如我们早前已经了解到的关于施耐德的不幸案例——以及其他同样地忍受着“幻肢感”折磨的截肢患者——身体上的缺损能够彻底改变我们与空间的互动以及对空间的使用能力。

梅洛 - 庞蒂最著名且或许是最具有影响力的观点之一，是来自于他对“工具体验”的分析，当中他将工具作为身体图式“一部分”的方式去描述整个过程。尽管他的这一讨论重复了海德格尔在《存在与时间》中的著名分析（Heidegger 1962: 95-107），但是，在关于身体体验的细微差别上，梅洛 - 庞蒂则更进一步地进行了论述。关于他理论的经典案例，即一件工具可以成为延展的身体图式的一部分，我们可以想 29
象一位盲人在白色手杖的帮助下学会去找到行走路线的过程（Merleau-Ponty 2012: 153）。通过在地面来回移动手杖，信息就会不断地汇集过来，这事实上是把盲人手的敏感性延展到了手杖的末端。通过体验触感——并伴随着声音的反馈——一个三维环境开始呈现出来，而此时手杖事实上已经从使用者的知觉中“消失了”。正如梅洛 - 庞蒂所设想的那样，随着对工具的熟练使用，工具本身不再是一种直接形成体验的物体，而是一种我们对世界进行体验的“媒介”——以此类推，我们其实还是通过身体本身而进行体验的：

> 习惯并不**在于**（consist）诠释手杖对手产生一定的压力，就像在特定位置的手杖对手所传达的信号一样，那么，这些手杖在手中的特定位置则就像是一个外界物体所发出的信号——因为习惯使我们**摆脱**了这一特有的任务。……手杖不再是一个盲人感知的物体，它已经成为帮助他进行感知的一个工具。
>
> （Merleau-Ponty 2012：152f）

因此，对所有工具以及设备的使用逐渐累积成为习惯或者行为惯例，并从直接意识中撤离，并演变成为我们身体里全部技能与能力的一部分。我们或许也会这么认为，即这类似于大多数人们——尤其是非建筑师的人们——如何体验一栋建筑物的方式：即不会将其作为重点关注的物体，也不会作为“不可见”的或者匿名的背景。我们而是会主要通过身体认知的形式去体验建造环境，而这种身体认知形式会作为一种媒介，使我们得以**通过**它去体验我们应当要介入的任务——当然，这个媒介也是作为能够为体验带来其特色品质或质感的关键所在。

我们主要通过身体认知的形式去体验建造环境，而这种身体认知形式会作为一种媒介，使我们得以通过它去体验我们应当要介入的任务。

有关于梅洛－庞蒂分析的另一方面在于，他对身体与世界
30 之间传统边界的定义提出了质疑。当然，常识表明，我们能够
明确地知道哪里是分界线，但是再一次地，是早已经对这一天

真的假设提出质疑的约翰·杜威，提出了一个将我们身体和社会关系二者都包含在内的、关于“延展的自我”的全新理解：

> 表皮仅仅是用最肤浅的方式表示有机体的终止以及其外部环境的开始之处。身体里面会包含一些外来的物体，而身体之外的一些物体也属于身体，即使不是事实，在法理上也是如此。也就是说，如果生命需要继续就必须拥有这些物体。在浅显的规模中，空气和食物就是这样的物体；至于一些高等复杂的，比如工具，不管是作家的笔还是铁匠的铁砧，器皿和家具，财产，朋友以及机构——没有这些事物的支撑，我们就没有文明的生活。
>
> （Dewey 1980/1934：59）

近期一项关于大脑、身体和世界之间界限相互渗透的证明，可以从澳大利亚行为艺术家斯德拉克（Stelarc）所进行的实验中看到。实验中，他给自己的生物身体上安装了一个假的“第三只手”（Massumi1998：336）。这只手由神经脉冲进行控制，该脉冲则来自于附着在大腿上的表面电极，尽管这需要花一些时间通过反复的试错过程去学会如何操作但最终这一设备可以得到精确地控制，且完全独立于艺术家其他的两只手。这个例子也告诉了我们一个事实，即我们每个人从我们出生起都经历过类似的身体培训过程，以或多或少随意的方式来摆动我们的四肢，直到我们逐渐学会如何控制并使用它们。当然最终，为了进一步拓展我们身体的能力，而去学会如何延伸我们自己并占据世界的其他部分。

我们每个人从我们出生起都经历过类似的身体培训过程，以或多或少随意的方式来摆动我们的四肢，直到我们逐渐学会如何控制并使用它们。 32

31 斯德拉克－第三只手，东京、横滨、名古屋 1980。

将“工具习惯”（tool habit）并入到身体图式当中的作法涉及美国哲学家休伯特·德雷福斯（Hubert Dreyfus）[①]他称之为“技能应对”（skillful coping）过程的观点，该过程引起了运动模式的改变，同时这种改变也包括有效地与工具融为一体的过程。梅洛－庞蒂也描述了一些需要较短时间便能适应的例子，例如，当我们驾驶一辆比我们熟悉的车辆还要大的车辆时所发生的事，或者是穿着一件限制或影响行为活动的衣服：“不需要任何明确的计算，一位女士便可以保持帽子上的羽毛和所有可能将其破坏物体之间的距离；她能够知道羽毛在哪里，正如同我们知道我们的手在哪里一样”（Merleau-Ponty 2012：144）。除了这些工具需要屈从于**并入**（incorportation）的情境的事例之外，梅洛－庞蒂也描述了另外一些如被戴维·莫里斯（David Morris）称之为**共创**（excorporation）的例子——在这些例子当中，身体事实上被更大范围的环境所同化了（Morris 2004：131），比如飞机驾驶舱或者木工车间。

理解此观点的关键在于理解梅洛－庞蒂“运动空间”（motor space）的概念，这帮助他解释了诸如“打字”之类的任务是如何将“知道那个”（knowing that）和“知道如何”（knowing how）之间的差异性进行说明的：

> 一个人可以在不知道如何去标示出键盘上能组成词语的字母所在位置的情况下，便能够去打字……主体知道字母在键盘上的位置，就如同我们知道我们肢体所在的位置一样……学会打字的主体着实是把键盘的空间并入到了他身体的空间之中。
>
> （Merleau-Ponty 2012：145f）

① 休伯特·德雷福斯的研究主要在现象学、存在主义、哲学心理学和哲学文学、人工智能的哲学含义等方面。

在这种情况下，轻车熟路的打字员，仅是看到了出现在
33 屏幕上的思想内容，因为键盘已从书写这种任务的直接感知中撤退了。音乐家同样也经历了同样效应，这种情况有时候会被称为天衣无缝之“行云流水”（flow），而这能为梅洛-庞蒂的理论提供更加明确的说明：“习惯既不存在于思想中也不存在于客观身体当中，而是存在于身体当中并作为一种世界的一种媒介物而存的”（Merleau-Ponty 2012：146）。接下来，他继续描述了教堂风琴师如何在陌生的风琴上进行演奏：“他在长凳上坐下来，把脚搁在踏板上，拔出风琴上的圆钮，他用自己的身体做出判断，他把方向感和维度一并纳入进来，他舒服地坐在风琴前就像舒服地坐在自己家中一样”（Merleau-Ponty 2012：146）。

作为我们“习惯于”空间的手段，习惯的关键作用再次被认为是以我们每个人的具身的首要空间性为基础的，这同样可以通过我们熟练“掌握”工具而向外延展到世界当中：

> 我们习惯于一顶帽子、一辆汽车或者一根手杖，就是要和它们融为一体，就像寄居在其中一样，或者相反地，使它们融入我们自己身体的体量中。习惯表达了我们所具有的力量，这种力量能够扩大我们在世界上的存在感，或者通过与新设备的相互协作以改变我们的存在。
>
> （Merleau-Ponty 2012：145）

通过使用“改变我们存在”这一术语，梅洛-庞蒂已经使我们注意到了“具身”的一个具有深远意义的方面。对建筑师来说，这应该是在提醒我们——正如于克斯屈尔的“**周围世界**”那样——我们每一个人，都会通过利用我们自己的具身，来习惯于某个独特的环境。除了我们人类生物物理构成的相似性之外，根据我们的日常技能与能力，每一个人也都有

特定的局限性。除此之外，许多建筑物的使用者也会有更为明显的身体局限性，比如，由于长期疾病或者残疾而带来的运动缺陷、知觉缺陷或者认知缺陷等。传统上，建筑师往往会忽略这些“问题案例”，但是，近年来对身体兴趣的复苏以及很多相关工作使得人们对这方面问题的关心程度得到了大大提高。梅洛－庞蒂的研究应该也能提示我们，“健全”与“不
健全”的使用者之间没有明显的界线，同时，对具身的作用 34
更为细微的理解，可以使社会当中的每一个人都能从中获益。

梅洛－庞蒂的研究应该也能提示我们，“健全”与“不健全”的使用者之间并没有明显的界限，同时，对具身的作用更为细微的理解，可以使社会当中的每一个人都能从中获益。

从“改变”（alteration）这一概念所带来的另一方面的忧虑，是从某种程度上讲，我们可能会因对技术的使用而逐渐丧失人性，这也是20世纪哲学史上的一个重大议题，而海德格尔也针对这一问题进行过探讨（Heidengger 1977：3-35；Borgmann 1984；Postman 1993）。一些更为近代的作家已经开始尝试去识别一种新的“后人类”状况，即在当下，人工与自然之间的界限越来越难以界定：例如，基因疗法的进步、克隆、人工智能、和义肢等。（Braidotti 2013）。在我看来，梅洛－庞蒂早已向我们表明过，这并不是一个新现象；事实上，这已经成为关于“什么是人类”这一问题的固定讨论部分。正如法国哲学家贝尔纳·斯蒂格勒（Bernard Stiegler）最近声称的：“义肢”不仅仅是人类身体的延伸；它是作为‘人类’身体的组成部分而存在的（Stiegler 1998：152）。换句话说，正如梅洛－庞蒂描述的那样，成为人类就是早已延展——或者“扩大”——到世界当中的。通过我们身体与延展的技术

而实现与外界环境的互动，我们正在实现，而不是否认“人类”的自然属性。

除了约翰·杜威提到过的，诸如钢笔和锤子等工具能够带来更为明显切实的好处这一点之外，重要的是要明白，这些延展物也能为我们提供认知上的有利条件。哲学家安迪·克拉
35 克（Andy Clark）和戴维·查默斯（David Chalmers）最近首次提出了“意识延展论”（extended mind）的说法，以解释那些即使是最简单的技术，也如何能够在思考过程中起到“认知支撑”的作用（Menary 2010）。他们描写了我们通常是如何通过利用不同的技术支持和道具，以帮助我们应对日常脑力劳动的，从使用记事本和铅笔去记录一些想法，到使用电子计算器与数字化搜索引擎去获得并使用一些有用信息。那些再熟悉不过的丢钱包或者手机的倒霉事也提示我们，突然间不能使用那些看起来好似非常重要器官一样的物件是一件多么令人沮丧的事。我们被剥夺了查看住址、查看日记条目、打电话与使用网络这些已经习以为常的能力，于是就会很容易感觉到，我们并不像我们先前所以为的那样是非常完整的人。从更大尺度上来讲，如果我们承认建筑物也能帮助我们去思考，那么尤其对建筑师来说，这个想法对如何去进行室内设计，可能会具有重要意义；例如，帮助那些因衰老而造成认知衰退的人们去重塑空间，同样地，对那些希望能够提高员工工作效率的职场设计师们来说，也是有帮助的（Kirsh 1995）。

哲学家安迪·克拉克（Andy Clark）和戴维·查默斯（David Chalmers）最近首次提出了“意识延展论”的说法，以解释那些即便是最简单的技术也如何能够在思考过程中起到“认知支撑”的作用。

上述所有例子均指出了人类行为的一个根本特点：即智力是身体持续与世界互动的结果这一概念。近年来，在所谓的“具身认知科学”（embodied cognitive science）这一旗帜下，逐渐产生一种共识，而这一共识对人们如何思考人类进化，以及如何发展人工智能都有重大影响。在进化论中，核心思想是去考虑早期技术所起到的关键作用，尤其是由于拥有制造与使用工具的能力而产生的选择压力。当前，所谓的认知考古学家，与语言理论家，共同给出了一个强有力的论 36
证，其被称为《人类认知的文化起源》（*The Cultural Origins of Human Cognition*）（Tomasello 1999）。

人工智能早已不再局限于编写软件程序的范畴了。传统上讲，编写软件程序这件事仍然意味着，它只不过是一些非常高速的计算器所创造出的一种实体装置，而这些装置能够通过与真正世界环境接触而进行学习（Pfeifer et al. 2007）。美国哲学家肖恩·加拉格尔（Shaun Gallagher）在他名为《身体如何塑造心智》（*How the Body Shapes the Mind*）的书当中提出了很多这样的主题（Gallagher 2005），而近来，他提出了一项被称之为“4E[①]”认知模型的关键原则。通过参照梅洛－庞蒂的重要贡献，以及近期神经系统科学的发展，加拉格尔解释了人类的思考并不是局限于“头内部”的孤立过程，而是发生在令人好奇的、由大脑、身体和世界之间的互动作用而产生的关联之中。因此，在4E原则的基础上，并通过梅洛－庞蒂的一些术语可以更好地理解，认知是同时“呈现”与“延展”于上述我们刚刚描述过的过程之中，并同时“嵌入”（或处于）到世界环境的背景下，另外还会作为持续展开

---

① 4E认知模型是指具身（embodied）认知、嵌入（embedded）认知、生成（enacted）认知和延展（extended）认知。（李建会，于小晶，2014）——译者注

与发展中的过程的一部分，随着时间不断地“生成”（Clark 2008; Noë 2009; Rowlands 2010）。

每当我们睁开双眼看向世界，我们就又被带回到了一种（意识）“共 - 融”（困惑意识模糊，con-fusion——编者注）的迷惑状态，而我们处于独立自我的状态，需要在不断展开的全新体验中，持续地进行再次探索。

为了给本章画上圆满句号，我们值得再次回顾梅洛 - 庞蒂的一条原创性原则；即智力是“具身与物质世界互动的产物”的这一观点。通过持续的探索与发现的过程而逐渐显现的这一观点证明，我们可以看到在不同时间阶段重复的进化
37 和个体发展的定义。我们从这一显现过程所获得的部分内容，是我们自身作为独立实体而拥有的一种智力掌握，即使也如梅洛 - 庞蒂所小心指出的那样，这从来不是一个一劳永逸的成就。每当我们睁开双眼看向世界，我们就又被带回到了一种（意识）“共 - 融”（con-fusion）的迷惑状态，而我们处于独立自我的状态，需要在不断展开的全新体验中，持续地进行再次探索：

> 在身体最终能够找到其所属位置的客观空间之下，体验展现出了一种原始的空间性，在这种原始空间性中，客观空间不过是一具与身体融为一体的外壳，正如我们所了解到的，若是拥有身体就一定会与特定的世界紧密联系在一起的，而我们的身体在最初，也并不是**存在于**空间当中，而是空间的**一部分**。
>
> （Merleau-Ponty 2012：149；emphasis added）

第 3 章

表现形式：因为感觉是首要的 38

我们早先认为：**身体**是梅洛 - 庞蒂哲学的核心，而在前面章节中可以明确的是，这一观点在某种程度上，是一项误导性的陈述。事实上，更为准备的说法是，**具身**才是核心主题，这里面包括对身体和实际物体来说都已经司空见惯的、物质和体量的共享属性。而人类具身的特点在于，它能引起一种特别的意识形式，但是我们也应该记住，世界上的大多数其他身体很可能也具有这种属性，甚至是在一些最微小的身体当中。演化教会我们，复杂的有机体是由简单的有机体逐渐演变而来的，而大脑——相对而言——它的增强则是在最近才开始的。事实上，只有需要在世界上不断移动的有机体才会费尽心思地去提升它们的脑部功能。在此有一个神奇的反面实例能够很好地说明这一观点，那就是低等的海鞘，这种生物先是利用它的大脑寻找能够永久栖身的场所，而一旦定居下来，它很快就会把大脑消耗掉以满足自身的营养需求。

在较短时间跨度范围内的所谓“个体发育”（ontogenetic）的发展（个人的生命周期）当中，我们也能看到意识是如何成为一种自然发生的现象的。在梅洛 - 庞蒂后期关于儿童心理学方面所做的大量工作表明，他对理解这是如何发生的表现出了浓厚的兴趣（Merleau-Ponty 2010）。我们已经探讨过的一个主要方面就是个体的兴起，这是一种自我和其他事物逐渐解体分离的结果，而这个过程在生命的最初几天和几周当中就开始了。这一过程部分依赖于一种类似于自我与其他实体物体分离的分离，我们看到，这个过程在每次我们睁开眼睛看向世界时它都会被再次有效的重置。对梅洛－庞蒂形成强烈影响的格式塔心理学的一个基本原则是，我们认知物体时会总是将其作为一个明确的整体，而不是分离的“感觉数据”的集合去看待的。换句话说，我们不会先去认知单
39 独的某种属性，然后再接下来通过一种智力行为活动去将这些属性进行整合。相反的，为了认知某种属性，首先我们会通过使用因体验而发展成熟的某种技能而去认知物体本身，而不是像我们通常认为的那样，依靠什么与生俱来的能力。

我们不会先去认知单独的某种属性，然后再接下来通过一种智力行为活动去将这些属性进行整合。相反的，为了认知某种属性，首先我们会通过使用因体验而发展成熟的某种技能而去认知物体本身。

3.1 学而见

所谓的认知的图底结构——即物体在背景的映衬下突显出来——这或许可以通过一个简单的例子去更好地加以说明：例如，著名的两张脸部轮廓的光学错觉图。我们当然可以通过两种方式去解读，但并不是同时使用这两种方式：一则我们可以看到黑色背景下的白色高脚杯，或者看到两张脸部轮廓，而中间则是白色空间部分。物体以**完全形态**（格式塔化）或者是结构化的整体的样子呈现在我们面前的另一至关重要的事实是：物体的属性看上去似乎总是联系在一起的，因此它们可以彼此强化。在梅洛－庞蒂的一个关于‘知觉世界’（*The World of Perception*）的主题电台广播节目中，他引用了他所认同的一个萨特的、能够很好地捕捉到这一现象的观点：“这柠檬的酸味是来自于它的黄色；而这个柠檬的黄色，是来自于它

的酸味”（Merleau-Ponty 2008：62）。正如我们在第 2 章所看到的，梅洛－庞蒂通常会借助被归类为病理学的问题去解释一个普遍原则——在当前的这个事例中，该问题则是指受到通感折磨的人们所体验到的感觉混乱。与此相关的普遍情况还包括“听见颜色”或者“看见声音”，这是由于向大脑提供感官信息的神经通路出现了交叉而导致的。梅洛－庞蒂把这种异常现象视作所有感知的一个范例，因为他渴望证明 40
感官技能总是共同发挥作用的：

> 我们可以看到玻璃的刚性和易碎性，当玻璃打碎时会发出清脆的声音，而此声音是由可以看见的玻璃发出的。我们看到了钢的韧性，铸钢的延展性，面状刀锋的硬度，以及其刀片片身的柔软性。物体的形状并不是它们的几何形状：……它在向我们的视觉诉说着的同时，也在向我们的所有感官诉说。
>
> （Merleau-Ponty 2012：238）

视觉和触觉感知之间的关系，在梅洛－庞蒂之前便早已是一个哲学上的主题。它出现在 18 世纪经验主义（Empiricist）传统之中，而这要归功于约翰·洛克（John Locke）[①] 的早期作品，尤其是他与威廉·莫利纽兹（William Molyneux）[②] 之间的通信，而这在后来成为了大家所熟知的“莫利纽兹问题”。这一议题所提出的问题是，一个生下来就看不见的盲人，若是在后来视力恢复，那么他是否能够从视觉上识别出他先前通过触摸了解到的物体。尽管经验主义者会给出否定的回答，因为

① 约翰·洛克是英国哲学家、内科医生，是著名的启蒙思想家之一，通常以“自由主义之父”而闻名于世。——译者注

② 威廉·莫利纽兹是爱尔兰科学、政治和自然哲学方面的作家，他被认为是约翰·洛克的亲密朋友。——译者注

他们认为感觉是相互独立发挥作用的。而梅洛－庞蒂的方法，则会给我们肯定的回答即使并不是所有近期的评论员都认同（Gallagher 2005：163）。近来的一些心理学实验也进一步支持了这一积极的结论，比如，经证明，婴儿更喜欢看那些他们曾通过触感而熟知的玩偶的图片（Gallagher 2005：160）。

更为显著地是，我们构建更为广义三维空间的方式实际上，指的是在我们学会以我们的身体在世界中运动时所发展而来的视觉与本体感觉之间的联系模式（Intermodal）连接。梅洛－庞蒂通过参考临床研究中的另外一个案例对此进行了解释；这一次的实验是由心理学家乔治·马尔科姆·斯特拉顿（George Malcolm Stratton）所完成的。斯特拉顿的实验是让实验者戴着一副能够把他看到的世界景象颠倒过来的倒棱镜，这实际上是对正常视觉的“矫正”，因为事实上，在后部
41 视网膜的图像通常就是倒置的。起初，他反映了一种视觉与他身体体验之间的矛盾，但是通过几天佩戴眼镜的练习之后，他发现他所看到的事物被逐渐地“矫正过来”——大脑通过将反转的图像再反转回正常，使得他又能够正常地看到图像了。只是这种矫正只对更为远距离的景象有效，而当他看自己的身体或是当他伸手想要去拿起物品时，效果便不是很好，甚至有时还会时而再次出现颠倒的图像。在这种情况下，他反映道，每当他无法调和这些来自于视觉和身体反馈相互矛盾的信息时，就会出现混乱和方位错乱感。马克斯·韦特海默（Max Wertheimer）对此做了进一步的研究，梅洛－庞蒂也进行了相应的描述，研究中，实验者需要佩戴将图像从垂直方向倾斜至 45 度的镜子眼镜。起初，参与人员为了能看明白场景必须斜侧着身子，但是随着在屋子里移动，几分钟之后，场景便再次被逐渐地矫正过来。在这两个案例当中，身体的反馈似乎都有效地高于视觉信息，于是大脑便可以接下来进行调整，并解

决身体反馈和视觉之间的矛盾，而后重新构建一种一致的体验。

在梅洛 - 庞蒂对斯特拉顿实验的描述中，尽管可能有一些不一致，但在这两个例子当中都有很好的证据以支持视觉和行为活动之间的联系。近期也出现了更多感官替代方面的证据，例如，20 世纪 70 年代由神经科学家保罗·巴赫伊丽塔（Paul Bach-y-Rita）设计的“触感视觉”装置（Clark 2003：125f）。巴赫伊丽塔系统的基本原则是把视觉信息转化成为触觉信号，这是通过把像素化的摄像机图像转换到一个由许多可以振动的丁子组成的格栅上。戴着头式摄像机的盲人，与许多可以和皮肤直接接触的丁子组成的格栅一起，便能够接收转变为振动模式的视觉信息，随后盲人可以把信息诠释成为基本的视觉图像。

在梅洛 - 庞蒂对斯特拉顿实验的描述中，尽管可能有一些不一致，但在这两个例子当中都有很好的证据以支持视觉和行为活动之间的联系。

很多近期关于触摸主题的著作已经对传统的视觉主导性 42
提出了质疑，正如我们在第 1 章中看到的，对梅洛 - 庞蒂来说，触感体验是所有感知的范例（Classen 2005; Pallasmaa 2005）。触摸具有空间维度的核心理念通过视力得以恢复的盲人的实例得到了阐明。这些例子表明，视觉认知会逐渐整合到一个先前的身体体验得以确定的空间框架当中。相似的，听力感觉同样也会给予我们一种强有力的方位感，盲人用手杖轻击地面，从倾听声音的变化感觉到空间的尺寸与形状。此外，梅洛 - 庞蒂还认为，音乐能够改变我们对空间的感受，在他的一段更为多彩生动的段落中，他描述了坐在音乐厅里的体验，当音乐开始响起之时：

> 音乐弥漫于整个可见空间里，萦绕着，使空间开始转变，并同时打动着那些盛装出席的聆听者们——他们呼吸着评判性的空气，交换着意见，或痴痴地笑着，完全没有注意到他们脚下的地面已经在轻轻地颤动——很快他们就开始像船员一样在风雨如磐的海面上飘摇。
>
> （Merleau-Ponty 2012：234）

在一个更为基本的层面上，关于感知和行为活动之间至关重要联系的进一步说明，来自于两位美国心理学家在 20 世纪 60 年代进行的研究（Held and Hein 1963）。实验对象是两只仅有几天大小的小猫，这个时期的它们大脑发育速度最快；神经系统依据它们所积累的活动体验逐渐形成。这两只小猫被放置在同一个装置里，但是仅有一只能够控制它自己的活动；而另外一只则被绑着背带悬挂于地面之上。于是，第二只猫的活动便是根据第一只猫的运动轨迹而被操控的。所以，尽管它不能做出任何活动，但它的视觉信息也还是在不断变化的。因为第一只小猫可以正常活动，因此它的视觉感知以正常的方式变化：它的大脑能够把视觉和它的本体感受匹配到一起，同时它正常的神经回路得以建立。而由于第二只小猫无法控制它自己的身体，于是，它的大脑便也无法做出相同的联系，
43 因此，当两只小猫在几天之后被从实验装置中放出来的时候，它们所表现出的行为非常不同。第一只能够非常正常地活动，但是第二只表现出来的样子就像是失明了一样，会撞到障碍物上或者踩空跌落，这便是表现出了一种“实验性失明”的状态。尽管第二只小猫的视力仍然是非常好的，但是它的大脑却暂时性地中断了至关重要的神经之间的联系：它的大脑并没有保留将身体活动与因视觉信息而带来的相关变化进行匹配的能力。这里的关键议题在于，正常发育是包括视觉和身

体信息逐渐协同合作的过程，而在此过程中，大脑会根据相关的身体活动来诠释视觉感知的变化。这也是使得复杂有机体能够真正地主导三维空间的关键过程，令人欣慰的是，这些小猫在被从实验装置里释放并经过了几天的正常体验之后，终于又都恢复了正常。

3.2 时间的厚度与空间的深度

隐藏在小猫实验背后的普遍原则是：感知是行为活动的结果，而在某种意义上来讲，我们也可以说行为活动是感知的结果。梅洛－庞蒂对这一循环关联的暂时性尤为感兴趣；即通过能力去感知这个有意义的世界的方式，随着时间推移，会逐渐从与身体互动的过程中显现出来。他这用来解释这一过程的时间模型引用自胡塞尔。胡塞尔早已声称，将当前时刻作为一个孤立瞬间的普遍认知，实际上是一种误导性的传统。而事实上将其视作为所谓的“滞留”（retentions）和“预持”（protentions）的复合体更为准确：当下时刻的逐渐消逝仅由即将到来的预期时刻所经过并掩盖（Merleau-Ponty 2012: 439-442）。与有意识的记忆或者明确但需要花费许久来“上线”的映射不同，这些对于过去和将来时刻的感知才是此时此地的本质内容；连续性和流动性感觉的重要组成部分，同时也是具身体验的主要特点。

这些对于过去和将来时刻的感知才是此时此地的本质内容，44
是连续性和流动性感觉的重要组成部分，同时也是具身体验的主要特点。

梅洛－庞蒂采纳胡塞尔的另一个有关感知的方面，是他关于物体是以部分场景的形式呈现在我们面前的思想。胡塞尔称之为**明暗层次**（Abschattungen），或通常翻译为轮廓或者预前阴影，即会迫使我们做进一步探索的物体模糊的或不完整的外轮廓线。这些外轮廓线事实上属于三维实体，而这也是引发梅洛－庞蒂的好奇心以去进一步确认并将其描述为我们对世界对我们的诱惑而做出的回应。我们在探索世界的过程中发现——利用诸如视觉和触觉之类的感知能力——世界中的独立物体总是会以其他物体作为背景，而这也就是梅洛－庞蒂所称之为二分“水平”的结构（two-part‘horizonal’structure）。该结构的部分是指格式塔心理学家所描述的“外层水平线”（outer horizon）：即我们当前关注物体的背景，可以被看作为一个突现的部分。而另一部分则是梅洛－庞蒂称之为“内部水平”（inner horizon）的更为复杂的现象。而这则可以帮助我们解释，当物体仅有可见的一部分面向我们的时候，我们是如何去认知整个物体的。一个基本的观点是物体有一些被隐藏了的、我们认为存在的面，即使我们并没有看到它们，但经验告诉我们，如果我们绕到其后面走一圈便就可以看到它们。这是剧院和电影制作设计师们很久之前就已经知道了的趋势，即当观众的视线被小心的限制时，即使是画出来的场景也能够很好地展现现实当中的画面。一个需要领会的关键，是水平认知过程当中关于“给予和接受”的方面：准确地讲，正是因为物体部分地隐藏它们自身以避开我们的视线，它们才能够以完全的物体形式呈现在我们面前。同样地，在“外层水平线”或者图形，即与背景的关联中，我们对“在物体背后不断延续的背景”的感受，依赖于它那至少是能够暂时为我们将其他物体模糊的能力。而这在我们
45 对城市内部空间的感知中尤其如此，因为在城市内部空间当中，
这种结构是在许多不同的层次上运作的：从诸如教堂和博物馆

这些在日常建筑的烘托下显得格外引人注目的“物体建筑物”（object buildings），到那些重要的单体仪式空间，即那些也可以被表现成为独墅一帜“物体”的空间。

对梅洛 - 庞蒂来说，吸引我们进一步去探索物体的自然好奇心——验证了我们对物体三维属性的最初假定——而这或许会诱导我们去思考，一旦我们彻底费尽心思地全面调查了所有它以前隐藏的所有方面之后，这一过程或就终将结束。事实上，这是一个没有终结的过程，因为我们永远无法掌握物体内在的**本质**；即使我们能够从无数种角度看到它，但仍然会有更多的内容需要去探索：“例如，我从一个特别的角度去看邻居家的房子。与从塞纳河右岸，从房子内部，以及从飞机上看都是不同的。然而这些表象，却没有一个是真正的房子**本身**”（Merleau-Ponty 2012：69）。“房子有它的水管，它的地基，或许也有天花板层当中暗暗出现的裂缝。虽然我们从未看到过它们，可它们却和我们可以看到的窗户或者烟囱一样，存在于房子当中”（Merleau-Ponty 2012：72）。梅洛 - 庞蒂以房子作为实例的重要原因之一在于，在他的概念中，去看任何物体便都是要去“习惯它，并根据所有在其周围，看似是围绕着它的其他事物的方方面面来把握此物体的所有信息”（Merleau-Ponty 2012：71）。换句话说，即是当我们专注于物体可见的面，即一个物体当前所面向我们的面时，他声称，那么这个物体周围的其他物体便是见证人，见证着在那一时刻我们自己所不能看到的场景：

> 当我看到桌子上的台灯时，我不但把它归因于从我所处位置所看到的属性，而且也归因于那些壁炉、桌子和墙壁“所能看见的”属性。而台灯的背面仅仅是向壁炉“展现”的那一面罢了。
>
> （Merleau-Ponty 2012：71）

在这一观点上，梅洛－庞蒂似乎暗示了一些稍显神秘的事情，即物体能够“看到”彼此，但是，我们将会在第 4 章
46 中看到，这其实也是一个他在如保罗·塞尚（Paul Céanne）的视觉艺术家的作品中发现的原则。而现在所要强调的关键是，感知的“水平”结构是基于我们感知的深度：即当我们在空间中移动身体时，尝试学习体验物体的结果。这应该也提醒了我们，根据逐渐积累到我们的体验当中层次化的滞留和预持，水平上的双重结构也具有暂时性的时间维度的。因此，梅洛－庞蒂关于深度是“所有维度中最具存在性”的观点说明，我们过去对物体体验的历史决定了我们如今在空间中所处的最终定位：

> 当我的感知为我提供了可能是最丰富且最清晰可辨的视野之时，同时也正如它们所展现出的，当我的运动意向接收到它们所假设的从世界中得到的反应之时，我的身体便融入到了世界当中。这种感知和行为活动上最大的清晰度明确了一个感知的**基础**、生命的背景，以及我的身体与世界共存的普遍环境。
>
> （Merleau-Ponty 2012：261）

换句话说，正是这一逐渐展开的身体过程使我们在时空中得以驻足，而不是作为飘浮不定的旁观者注视着二维屏幕。这种沉浸性原则的意景所映射出的事物之一，是文艺复兴和立体派绘画的对比，前者依赖于理想状态下站立于透视网格的灭点上的观察者；而后者则传达了一个移动的观察者被嵌入到了绘画本身的空间当中，同时拥有多个视点，仿佛观看的时间被神奇地压缩成了一刻似的。

感知的“水平”结构是基于我们感知的深度，即当我们在空间中移动身体时，结果是我们学会了体验物体。

其他来自于艺术和建筑的例子说明了身体探索的重要作 47
用，即表明了视觉感知是如何可以被操纵，以及光学幻觉是如何得以轻易地产生。美国艺术家詹姆斯·特瑞尔（James Turrell）的著名的观天屋（Sky-veiwing room），对传统的远景取景框的技术进行了重塑。参观者进入了一个从外表看似是室内的空间，而实际上却是具有开放屋顶的空间，那没有玻璃的天窗细部，巧妙地隐藏了屋顶结构的厚度。这种画框效果戏剧性地把所看到的天空平铺到了天花板高度上的一个蓝色平面之上（Turrell et al. 1999：96-101）。特瑞尔的画廊作品也对这种效果进行了探索，其中包括了从一个空间到另外一个空间的框景，在这些空间当中，形成了一种在二维平面与图像深度之间来回摇曳的视觉幻觉。起初看起来像是墙面上的二维图像，同时也是一扇通向显而易见的无限空间的窗，而由于观看者无法进入此空间，这一令人好奇的模棱两可便永远也无法消解（Turrel et al. 1999：102-121）。

关于框架与平铺效应的历史实例，可以在很多不同文化背景中寻得，然而最为有趣且最为相似的例子，或许是中国苏州那被称为“文人园林”的例子。中国设计师也受到具有悠久传承的山水画的启发，这同时也部分地解释了他们喜爱渲染图像与现实之间之模棱两可的兴趣。每个被围墙所环绕界定的园林都设置了从一处景色到下一处的框景，这些紧凑布置为一系列重叠的二维图像营造出了三维风景的效果。当参观者沿着园林当中迂回曲折的路线漫步，这些模棱两可所带来的迷惑能够被交替解决并不断重塑：一个园林以三维空间的形式展示在人们面前，而先前的空间便又恢复到平铺绘画的场景当中。对观者来说，这是一种既令人兴奋又令人迷失的体验——冰岛艺术家奥拉维尔·埃利亚松（Olafur Eliasson）在最近的视频作品中对类似的体验进行了探索，并效果卓越。2013年以来，这位艺术家在《你具身的花园》（*Your Embodied Garden*）这系列以两个苏州园林为背景的小形艺术作品里将一个独舞舞者的运动和一面圆镜组合到一起，颇具娱乐性地将这些空间的模棱两可进行了艺术性夸大（Eliasson 2013）。

所有的这些与梅洛－庞蒂称为“世界的诱惑”的实例中，
48 可以总结出一点；即当我们寻求解决感知不确定性的方法之时，便会被吸引去进行身体互动。在建筑术语当中，这也和那些似乎能够激发身体运动的空间有关，尤其是那些背离“经典”透视惯例的空间。通过挑战线性坐标与对称布局在单个视角中能够被快速掌握这一明确逻辑性，而形成了一种探索空间组织新型形式的重要现代主义建筑思想。此方面比较好的实例是由德国建筑师汉斯·夏隆所创作。他对自由流动空间和不完整几何体的使用，常常被形容为对探索的邀请。在或许是他最重要建成项目的柏林爱乐音乐厅（1963）中，据历史学家彼得·布伦德尔·琼斯（Peter Blundell Jones）在近期出版的《建筑与运动》（*Architecture and Movement*）一书中所提到的，前厅空间是围绕着“发出探索指令的楼梯”而构筑的（Blundell Jones and Meagher 2015：15）。

斯蒂文·霍尔（Steven Holl），是一位常常会引用梅洛－庞蒂哲学思想的建筑师，他同样认为这种对运动的体验也对他的设计方法产生了关键的影响：

> 当身体穿过在空间当中所形成的重叠透视的运动，就是我们与建筑之间的本质联系……如果没有这种横穿空间的体验，没有身体的转动和扭曲而引发的长短不同

> 的透视、没有一种上下运动、一种开放与闭合，或者黑暗与明亮的几何韵律，我们的判断能力就是不完整的——而所有这些都是建筑空间存在的核心。
>
> （Holl 2000：26）

3.3　事物的实体形式

到目前为止，我们一直都把身体作为体验的媒介，以及我们对世界的了解是如何根植于我们身体与其互动的能力的。这些能力，都是通过布置使用那些由社会环境以及生物特性以及我们在共享的文化环境当中不断成长而获得的技能来实现的。尽管我们或许想要将我们的身体作为人生第一 49
个获得的“技术物体”——正如法国人类学家马塞尔·莫斯（Marcel Mauss）在 1935 年所声称的那样（Mauss 2006：83）——而我们也在第 2 章中看到了这一观点在近期是如何得以被修正的。进化论也提醒了我们，事实上，很可能是早期的技术赋予了我们如今思考我们身体的方式。相应地，我们自身也开始以我们自己所创造的物质所映射出的样子来思考我们自己。

我们对世界的了解根植于我们身体与其互动的能力，而这些能力是通过布置及使用那些由于社会环境以及生物特性而拥有的许多技能来实现的。

因此，有一种由来已久的想法，即：意识始于具身（具象化），而这一过程中的一个重要因素，便是我们以身体术语去“解读”世界的方式。而这一过程发生的部分原因，是通过我们的个体发育史，以及我们所遇到的第一个“物体”是其他人的身体这一事实。这带来的结果之一就是身体成为了所有感知过程的一种框架，而这也是梅洛－庞蒂热衷于探索的观点：

> 因此我们与世界上事物的相关的方式，不再是一种努力掌握面前的物体或者空间的纯粹才智。更确切地说，这是一种模棱两可的关系，一种存在于两个都是具身且具有局限性的事物之间的关系，也存在于我们所瞥见到的神秘世界当中的关系（事实上，这是一个不断地萦绕在我们面前的世界），而在这个它所隐藏的与其展现的一样多的世界中，每一个物体在吸引着人的注视的同时，展现着望向它的人的一面。
>
> （Merleau-Ponty 2004：69f）

因此，除了通过世界为行为活动所提供的机会去解读世
50 界的方式之外，梅洛－庞蒂还声称，我们会对机会所提供的风格或者态度有一种情绪上的回应。这一种定性的方面是人们对他称之为物的“相貌”（physiognomy）的一种反应；而这也是所有形式似乎都会呈现在我们面前的一种示意姿势所具有的属性。在他关于儿童心理学的研究中，他指出，对身体示意的姿势的认知是人类发展出的最早能力之一，正如我们所知道的，这始于新生儿和母亲面部之间的情感联系（Gopnik et al. 2001：27-31）。后来在同一篇文章中，他提到了对行为举止的另一研究内容，即儿童大约在3岁左右开始模仿其他人的姿势和行为活动。他认为，某些特定姿势的再现成为了其内在化以及他去理解它们的一种方式，而这些观点都是基于亨利·瓦隆（Henri Wallon）[①] 关于“姿势注入”（postural impregnation）的理念。他也提到了这种模仿行为

---

① 亨利·瓦隆是法国哲学家、心理学家、神经精神病学家以及政治家。他在心理学上的主要贡献是关于儿童发育的科学研究。——译者注

会一直延续到成年，并通过一个有趣的、强调了这一趋势那令人期待的方面的实例予以了说明：

> 总之，在我们学会某些姿势之前，我们的知觉也会唤起我们对运动行为的重组。我们都知道那个观看足球比赛的观众的著名例子，在足球运动员将要做出动作的那一刻，观众也会做出适当的手势。
>
> （Merleau-Ponty 1964a：145）

看和做之间具有根本连续性的基本理念也在近期的神经系统科学研究中被予以确认，尤其是通过对所谓的“镜像神经元”（mirror neuron）系统的发现，该系统是由意大利帕尔马大学的维托里奥·加莱塞（Vittorio Gallese）[①] 和他的同事首次提出并描述的。其基本原理是：在观察其他人的运动过程中，我们身体运动时所会应用的神经回路也是非常活跃的。换句话说，当我们观看他人进行特定的行为活动之时，我们也激活了身体内部进行相同行为活动的神经网络（Gallese et al.1996）。神经科学家维兰努亚·拉玛钱德朗（V.S. Ramachandran）[②] 甚至称其为“甘地神经元”，因为这些神经元在创造人与人之间具有移情作用的联系中起到了至关重要的作用（Ramachandran 2013）。近期的实验也已经验证了在激活层面上是存在差异性的，而这取决于观察者对他 51
们所观察行为活动的熟悉程度。这与刚刚提到的，梅洛-庞蒂足球观众的例子当中所暗含的意思稍有矛盾，事实上，镜像神经元回路确实会在某些情况下更为强烈的反应，就像当

① 维托里奥·加莱塞是意大利著名的神经生理学家、认知神经科学家、社会神经科学家以及心灵哲学家。他以镜像神经元和具身模仿理论闻名。——译者注

② 维兰努亚·拉玛钱德朗是加利福尼亚大学教授，在行为神经病学和精神物理学领域的研究尤为显著。——译者注

技艺高超的表演者，如舞蹈演员，观看他们专门训练的一些成套动作时（Calvo-Merino et al. 2006）。

通过模仿或者在心中做出我们所看到的行为活动，镜像神经元系统使得我们得以去“解读”这些其他人的行为活动，而这和我们集中注意力阅读时总在低声念出印刷文字的过程不同。它也表明，感知还涉及行为活动的一种预演，这也和不断增长的运动能力与感知能力之间存在的进化链接的证据相吻合。正如梅洛 - 庞蒂先前已经提出的：

> ……因此，我们有必要承认身体具有“冥想”的能力，具有将姿势进行“内在表述”的能力。我看到了其展开不同过程的阶段，这种感知在唤我去做与之相关的活动的准备工作时是如此的自然。这就是感知和运动性之间最根本的一致性——这也正是格式塔理论家们所坚持的、感知能够组织运动行为的感知力量。
>
> （Merleau-Ponty 1964a：146）

感知和行动之间这种联系的进化维度的另一方面，是它会为生存提供重要信息过程的情感识别起到适应作用。感知到的来自其他动物的威胁进而会引起所谓“战斗或者逃跑”的反应——这是一种与生俱来自觉的和后天习得的行为的组合——而这也部分地是以辨别不明确的威胁是否可能会变成攻击的能力为基础的。通过一种更为细微的方式，这种情感信号也会发生在社会团体成员当中，在团体内部，识别其他人情感状态的能力为我们提供了一种先于语言的交流形式（Corballis 2002：25-30）。当声音被用来强化身体示意性姿
52 势语言之时，能够进一步提高生存的概率，正如那些详细记述的关于黑猩猩“警报叫声”（alarm call）的实例验证的那样，这能够向整个群体快速发出有潜伏的捕食者正在靠近的警报。

通过模仿或者在心中做出我们所看到的行为活动，镜像神经元系统使得我们得以去“解读”这些其他人的行为活动，而这和我们集中注意力阅读时总在低声念出印刷文字的过程不同。

所有这些表明，情感识别形成得非常早，无论是从物种进化还是个体意义上讲都是如此，这一观点最近已经引导着哲学家杰西·普林茨（Jesse Prinz）[①] 提出，我们应该把情感本身**视为**感知的这一观点。尽管这一说法现在哲学家之间仍然是开放的，谁都可以就此进行争论——一部分是基于对术语的质疑——普林茨自己用一个强有力的例子说明我们对事物作出“本能反应”的首要地位。通过聚焦于初始“具身评价”过程的情感要素，他帮助解释了我们上述所描述为“感知和行为活动的整合”的问题（Prinz 2004）。关于情感表达，正如梅洛 - 庞蒂自己所提出的那样，具有示意性的姿势为“可逆性”这一隐含原则提供了另外一种说明：

> 想象一个愤怒或者具有威胁性的姿势……我所感知到的愤怒或者威胁，并不是隐藏在姿势背后的心理现实，而是姿势本身所包含的愤怒。那种姿势本身并无法使我联想到愤怒，因为它就是愤怒本身……任何一件事情的发生，就好像其他人的意图栖居于我的身体之内，或者好像我的意图栖居于他的身体之内一样……我的意识确认了他人的意图，同时他人的意识也确认了我的意图。
>
> （Merleau-Ponty 2012：190f）

① 杰西·普林茨是纽约城市大学研究生中心的哲学教授、交叉学科科学研究委员会主任。他的研究主要集中在心理哲学和伦理学方面。——译者注

这里有一个迹象，即“表露在外”的表达这件事，便能够使人产生情感；这一令人好奇的现象早在 18 世纪就已经被
53 注意到了。美国哲学家威廉·詹姆斯（William James）[①] 在 1890 的著作中声称：“每个人都知道惊慌是如何随着逃跑递增的，而放纵悲伤或者愤怒的症状又是如何能够增加那些情感本身的”（James 1950：462）。詹姆斯接下来继续引用了埃德蒙·伯克（Edmund Burke）[②] 的话，伯克则是引用了文艺复兴哲学家托马索·康帕内拉（Tommaso Campanella）[③] 的理论，并以之向我们描述了外在表现的迹象是如何使我们能够感知到其他人在思考什么的（James 1950：464）。梅洛－庞蒂自己也就此提供了一个新的例子用以说明行为活动对心理状态的影响，从而解释我们是如何通过采用睡眠者的姿势和行为来进行“催眠”的（Merleau-Ponty 2012：219）。今天还在探索镜像神经元系统之含义的心理学家们，在“模拟理论”（simulation theory）的旗帜下，把数个此类议题汇集到了一起。我们并不是运用明确的“心智理论”去破解其他人的意图，新理论表明，我们反而可以通过在内心复制他们的行为而凭知觉去理解他们的意图（Gallese and Goldman 1998）。

梅洛－庞蒂还认为，这种人与人之间具有示意性的姿势交流的相互性是我们对实际物体外观做出情感反应的基础。他在他后期的著作中将这种相互性描述为身体在世界上的“运动回响”（motor echo）；即对事物外貌（physiognomy of things）或者形状做出的内心以及身体上的反应（Merleau-

① 威廉·詹姆斯是美国著名哲学家、心理学家，是在美国开设心理学课程的第一人。——译者注

② 埃德蒙·伯克出生在爱尔兰都柏林，是作家、政治理论家、演说家以及哲学家。——译者注

③ 托马索·康帕内拉是意大利哲学家、神学家、占星家以及诗人。——记

Ponty 1968：144）。他还使用了城市“氛围”的例子以说明我们最初对物的了解到底有多少是基于这种广义上的总体风格或存在方式的：

> 对我来说，巴黎不是一个千面的物体，也不是一个感知集合。正如人类在其手部的姿势中，在其步态中，在其嗓音中，所表现出的相同情感本质一样，我穿越巴黎的每一个明确的感知——咖啡馆、人群百面、沿着码头排列的杨树、塞纳河的弯沿曲折——都从巴黎整体的存在中被剥离了出来，并都只用来确认某种特定的风格或含义。当我第一次到达那里并离开火车站之时，我所看到的第一条街道——就像一个陌生人对我说的第一句话——是一个仍然模棱两可，却也早已是无法比拟的本质的表现。
> 而事实上，我们几乎无法感知到任何物体，就像虽然我 54
> 们看不到任何一张熟悉面孔上的双眼，但是我们能够感受到其凝视的目光及其所要表达的情感。
>
> （Merleau-Ponty 2012：294）

这种人与人之间具有示意性的姿势交流的相互性是我们对实际物体外观做出情感反应的基础。他在他后期的著作中将这种相互性描述成为世界上身体的“运动回响”；即对事物外貌或者形状做出的、内心以及身体上的反应。

3.4　共情[①] 建筑

我们不会去首先感知某一特定物体的几何形状或者材料，

① 共情，英文为 empathy，是一个心理学概念，也可意指“设身处地理解、感情移入、共感、共情”，就好像我是他 / 她 / 它一样。——译者注

而是会从一个更全方位的大体特征开始感知，而这一过程是通过“身体形态”（bodily physiognomy）的概念来进行表达的。我们或许可以从19世纪美学艺术中为该观点找到支持，尤其是从许多德国作家所探索的“共情”的概念中。这个术语本身是从德语的“感情移入”（Einfühlung）一词翻译而来，即为字面上的含义“在其中感受”，进而与体验一件艺术作品之时，观众所产生的身体反应联系在一起。共情反应可以同时由写实情景和抽象情景所触发。例如，与绘画中所描述的人们的明确情感一同，也存在着一种示意性姿势的特征，即艺术家在绘画时所使用的方式手法。这种示意性姿势交流更为抽象的层面，正是勒·柯布西耶在1923年首次出版的《走向新建筑》（*Toward an Architecture*）一书中的一个著名段落中提到的一点，

> 我的房子是实用的。感谢，在我感谢铁路工程师和电话公司的同时，也要谢谢你。你还没有触摸到我的内心。
>
> 但是，墙壁是以能够感动我的秩序向天空中升起。我
> 55 可以感知到你的意图。你温柔、野蛮、迷人或者高贵。你
> 的石材告诉我你是这样的……它们是建筑的语言。通过
> 使用不活泼的材料，并基于或多或少你所**超越**的、具有
> 功利主义色彩的程式，你已经建立了能够打动我的关系。
> 这就是建筑。
>
> （Le Corbusier 2008：233）

我们因体验而“被感动”的能力源于我们本身去感动的能力，此能力给予了我们一种能够使我们感动，并能够像一种特定形式所暗示的那样去感动的内在知识。这或许是整体构成中的一种大规模动态效应——正如汉斯·夏隆和斯蒂文·霍尔在他们的作品中所展现的那样——或许它也可能是一种更

为亲密的运动感觉，暗含于施工细节层面上、建筑构件组合中或者表面上工具标记的痕迹中。我们将会在第 4 章中去考虑有关材料的这一更为亲密的主题，但是就当前而言，重要的是理解它们是如何植根于具身的。再回到移情的主题上，正如艺术史学家海因里希·沃尔夫林（Heinrich Wölfflin）[①] 在 1886 年所提出的，我们找到了美学与身体体验之间明确联系的陈述方式：

> 具体形式会具有特征仅仅是因为我们拥有身体。如果我们都只是纯粹的视觉存在，那么我们将总是会被实体世界的美学判断所否定。但是，作为拥有身体的人类，身体教会我们自然界的重力、收缩、力量，等等，我们所积累的体验也使我们能够认同其他形式存在的条件……我们承担负荷并能体验到压力与反压力……而这也是我们为什么能够领略到立柱高贵宁静，也能理解所有事物在地面上无形散开趋势的原因。
>
> （Wöfflin 1994：151）

建筑历史学家戴维·莱瑟巴罗（David Leatherbarrow）[②] 称其为巴洛克建筑的决定性特征，一种用以表述运动的、相对立的张力或者平衡力，进而使得物体仿佛在时间中凝固。在讨论由欧唐内和托米建筑师事务所（architects O'Donnell + Tuomey）[③] 所设计的位于科克（Cork）的路易斯·格鲁克斯曼画廊（Lewis Glucksman Gallery）时，他把注意力放到了

---

① 海因里希·沃尔夫林是瑞士艺术史学家，最有影响力的是他对 20 世纪早期艺术史中有关于形式主义的分析。——译者注

② 戴维·莱瑟巴罗是宾夕法尼亚大学设计学院教授，他因在建筑现象学领域的贡献而闻名。——译者注

③ 欧唐内和托米建筑师事务所成立于 1988 年，由希拉·欧唐内和约翰·托米主导。详细资料可参见 http://www.odonnell-tuomey.ie/。——译者注

其螺体量的正规布置之上，因其刚好能够表现出运动的感觉。他把重叠的、抬高起来的画廊之间的张力，与巴洛克原则当中
56 的**对照**（contrapposto）联系在一起。这常被画家和雕塑家用来刻画人物肖像，使其看上去就像是定格在扭转或者旋转的运动之中。其代表性的姿势包含脚、臀部、头和躯干，所有部位均同时向不同方向旋转，因而产生的如动画画面暂停般的强烈感觉，同时唤起了观众们心中的张力感（Leatherbarrow 2009：234-236）。

这些身体上的类比所回应不仅仅体现在建筑上，因为我们的语言也充满了拟人参照。18 世纪的那不勒斯哲学家詹姆巴蒂斯塔·维科（Giambattista Vico）[①]或许是第一个注意到当我们描述风景时所用到的结构解剖性参照方式的人。在他《新科学》（*New Science*）一书第二卷关于“诗学逻辑”的主题中，他引用了许多典型案例：从山峦的“头”到悬崖“脚”；从山的“眉”，土地狭长的“脖子”再到河流的“喉”。即使是在家用物品上这一关联性仍然持续，从杯“口”到梳“齿”，从鞋“舌”再到钟表的“指”针（Vico 1984：129）。美国哲学家莱考夫（全名为乔治·莱考夫，George Lakoff）[②]和约翰逊（全名为马克·约翰逊，Mark Johnson）[③]把这些观察做了进一步延伸，对我们日常思维模式背后的身体隐喻进行了更为全面概括的分析（Lakoff and Johnson 1980）。

---

① 詹姆巴蒂斯塔·维科是启蒙时代的意大利政治哲学家、修辞学家、历史学家、法学家。——译者注

② 乔治·莱考夫是美国哲学家和认知语言学家。——译者注

③ 马克·约翰逊在具身哲学、认知科学和认知语言学方面有较大贡献，和乔治 . 莱考夫共同著有一些书，比如《我们赖以生存的隐喻》（*Metaphors We Live By*）。——译者注

欧唐内和托米建筑师事务所，路易斯·格鲁克斯曼画廊，科克，2004。 57

他们将人类具身的基本结构描述成为我们进行空间定位的来源，且这也是基于一个我们站的笔直，脸朝前，有着强烈的左右感觉的事实。这也转化成为一个时间体系，即从某种程度上讲，未来在我们“前面”，而过去则在我们“后面”。由于向下的重力，我们必须加倍努力保持我们自身的直立，而这一事实则也引导我们赋予“高处”以积极的价值，而相反的，赋予“低处”以消极的价值。他们也声称，甚至逻辑原则也可以从实体模型中导出，比如定义物体，和对基于包含的主要隐喻的物体进行分类的习惯。就是例如，三段论（syllogism）的原则，最早由亚里士多德提出，即若是一个物体存在于一个容器内部，而这个容器接下来又被放置于另外一个容器内部，那么这个物体，根据定义，也必须存在于第二个容器内部。类似的情况如，所有人都是血肉之躯；苏格拉底也是人；因此，苏格拉底也是血肉之躯。

莱考夫和约翰逊在推理的过程和建筑之间也做出了一些
58 有趣的联系，即我们哲学上的“雄伟建筑”必须建立在最为坚实的“地基”之上，否则它就有在辩论中被“拆毁”的风险，同时它也有可能被弃置进而变成一堆“废墟”（Lakoff and Johnson 1980）。贯穿整个哲学史，这也是当哲学习惯性地想要建立起宏伟知识“体系”时，我们可以看到的一个熟悉的隐喻，尽管梅洛－庞蒂自己知识体系之一就尤其可疑。

甚至逻辑原则也可以从实体模型中导出，比如定义物体，和对基于包含的主要隐喻的物体进行分类的习惯。就是

梅洛－庞蒂也强烈地意识到了这一身体定位的感觉，尤其是它如何形成我们对介词进行理解的基础的，像“在上面”（on）、“在里面”（in）和“在…之上”（above）:

在一个不能通过他的身体进行定位的主体的世界中，词语“在上面”又有什么意义呢？它意味着上和下之间的区别，也就是一个被“定位的空间”。当我说一个物体是在一张桌子上面的时候，我总是把我自己放置于（思绪里）桌子里或者物体里，随后我对它们进行分类，即在原则上是和我的身体以及外部物体之间的关联度相符合的分类。

（Merleau-Ponty 2012：103）

这一我们进入到物体中“去感受我们自己”的观点，从身体意义上讲——正如共情的概念所暗示的那样——或许也可以从某种角度去解释建筑和身体之间的历史联系。至少从维特鲁威[①]在公元 1 世纪撰写《建筑十书》(*De Architecture*）一书的时候开始，建筑物作为“身体”这一概念就是一个持续存在着的隐喻。在文艺复兴时期它经历了一次巨大复苏，这要归功于莱昂·巴蒂斯塔·阿尔伯蒂（Leon Battista Alberti）[②]以及其他相关领域当中的人的作品，比如建筑历史学家约瑟夫·里克沃特（Joseph Rykwert）[③]颇具说服力的证明（Rykwert 1996）。这是以一种暗含在“普世和谐”[④]
（universal harmony）中的神学概念为基础的；即从星球的 59

① 全名叫马可·维特鲁威·波利奥（Marcus Vitruvius Pollio），通常以维特鲁威著称，是罗马作家、建筑师、民用工程师和军事工程师。他所著的《建筑十书》是世界遗留至今第一部完整的建筑学著作。——译者注

② 莱昂·巴蒂斯塔·阿尔伯蒂是意大利人文作家、艺术家、建筑师、诗人、语言学家、哲学家以及密码学家。——译者注

③ 约瑟夫·里克沃特是宾夕法尼亚大学的名誉退休教授，是著名的建筑史学家与评论家。——译者注

④ 普世和谐（Universal Harmony）是一种欧洲古代哲学概念，又称为普世乐章（Universal Music），寰宇乐章（Music of the Sphere）或寰宇和谐（Harmony of the Sphere）。其宗旨是将宇宙中星辰日月等天体的运动总结类比为乐章。在这里“乐章”是一种抽象的和谐、数学、或宗教概念，而不是刻意听得到的真实音乐。——译者注

运行到一只蜗牛壳的螺旋形状，所有的这些自然形式都是严格遵循数学比例的理论思想。音乐创作是如此，身体和建筑物也是如此——在这些神圣的能够激发灵感的规则中，任何偏离都必定将导致不和。在 17 和 18 世纪，数学逐步经历了世俗化，进而成为推动工业和科学革命的主要工具（Pérez-Gómez 1983）。不过尽管如此，在 20 世纪，“建筑即身体”（building-as-body）的隐喻再次浮出水面，或许最显著的作品，便是勒·柯布西耶所创作的那些，包括他那众所周知的比例系统——《模度》（*The Modulor*）（Le Corbusier 1951）。

20 世纪 60 年代中期，在当现象学第一次对建筑产生影响之时，身体再次成为主要的兴趣领域。这一次有两种可供选择的趋势可以被识别出来：在对体验物体的传统关注的同时，注意力也转向了主体体验——即建筑对身体本身的影响。尽管后现代主义往往是指对前者的复兴——通过建筑师，如迈克尔·格雷夫斯（Michael Graves）[①] 对象征性参照的明确使用——当然还有，如查尔斯·穆尔（Charles Moore）[②] 的作品则是后现代主义同样关注对建筑使用者的影响的体现（Bloomer et al. 1977）。现在同样清楚的是，穆尔的理念直接受到了现象学本源的启发，尽管事实上后现代主义的兴起传统是与符号学和结构主义的影响联系在一起的（Otero-Pailos 2010）。在同一时期的视觉艺术中，对极简主义绘画和雕塑的艺术家和评论家们来说，梅洛－庞蒂的影响更为直接且更为明确（Potts 2000: 207-234）。在建筑方面，该影响花费了更长的时间去发展，其部分原因是马丁·海德格

① 迈克尔·格雷夫斯是美国建筑师，生前是迈克尔．格雷夫斯设计集团的首席建筑师。是现代主义和后现代主义的杰出代表，其代表作有波特兰市政厅、佛罗里达天鹅饭店等。——译者注

② 查尔斯·穆尔是美国建筑师、教育家、作家，美国建筑师协会委员，于 1991 年获得美国建筑师协会金奖。——译者注

尔占有绝对主导地位的研究。有趣的是，在 20 世纪 60 年代建筑理论接受了格式塔心理学时，其内容与梅洛 - 庞蒂的关键本源之一相关的内容还有另外一个重叠。值得一提的例子包括克里斯蒂安·诺伯格 - 舒尔茨（Christian Norberg-Schulz）[①] 的早期著作，以及德国理论家鲁道夫·阿恩海姆（Rudolf Arnheim）[②] 同样颇具启发的作品，而他们都尤为关注在艺术与建筑体验中的感知过程（Norberg-Schulz 1966; Arnheim 1977）。

现在同样清楚的是，穆尔的理念直接受到了现象学本源的启 60
发，尽管事实上后现代主义的兴起传统是与符号学和结构主义的影响联系在一起的。

在本章中，我已经表明建筑和身体至少在三方面可以具有相关性。在所有和身体比例——包括人类或者其他——都相关联的“普世和谐”理念的历史持久性之外，还存在着一种“建筑即身体”的隐喻性观点，即是在某种程度上，通过某种“身处其中而感”的共情过程，我们将自己投射到一个富有表现力的形式组合当中。与此同时还有一种观点，即与其说我们是将自己作为一栋建筑去体验世界，不如说我们是**通过**建筑去体验世界。正如一个延伸的假肢——建筑成为了以一种可以使我们延伸出去、超越我们生理身体的局限性去体验世界的新方法。在第 4 章中，我们将更为具体地探讨该过程的细节，并去询问我们是否能够努力恢复与世界所失去

① 克里斯蒂安·诺伯格 - 舒尔茨是挪威建筑师、作家、教育家以及建筑理论家，是建筑与建筑现象学的重要成员。著有《场所精神：迈向建筑现象学》《建筑：存在、语言和场所》和《西方建筑的意义》等。——译者注

② 鲁道夫·阿恩海姆是德国作家、艺术与电影理论家、认知心理学家。——译者注

的联系，亦或正如已经提到的那样，这种持续状态或许才是我们真正开始的地方。

本章最后的一段话出自于法国神经科学家阿兰·贝索兹（Alain Berthoz）于 1997 年撰写的《大脑对运动的感觉》（*The Brain's Sense of Movement*），当中，他把注意力转向了建造环境对身体与外界互动感的刺激的作用当中——或者与之相反：

> 感知这种模仿活动，需要从暗含行为活动的环境当中寻找获得自然或者人工物体以进行模仿。因此我们的大脑在玩耍中、在猜测真与假中、在说谎中、在大笑与哭泣中、在捕获和逃跑中，以及在预测未来中，感受到了快乐——总之，这就是活着。大图书馆（Grande Bibliothèque）、巴士底剧院（Opéra Bastille）和波堡酒店（Beaubourg）的建筑设计师，用上述提到的所有方式尝试把人和事安排
> 61 地井井有条，但是……他们也因此让我们感到了无趣。我指控他们的罪行，他们导致忧郁、使千百万人感到绝望的罪行，也是他们，违反了生物意义上大脑的定义——它本应该是极其灵活，且对运动和变化有着热切渴望的。
>
> （Berthoz 2000：256f）

第 4 章

建构学与材料：世界的肉身 62

有几位作家认为，梅洛 - 庞蒂后期在研究方向上有一个根本的改变。一方面，纵观他的著作，有许多主题反复出现，而当中的一些，我们已经在第 2 章和第 3 章当中进行了阐述。另外一方面，在他最后十年的研究中，一些与众不同之处开始显现出来，其一是更加详尽精美——甚至可以说是富有诗意——的写作风格，其二便是内容本身。在他的早期著作中，也如我们已经看到的那样，梅洛 - 庞蒂实质上是从科学证据，神经学实验，以及他开发出的、对感知的新理解当中的诸多案例中，所得出的结论。在这些早期的、由超越哲学界限之外的探索而建立起来的基础之上，他开始应用新的概念框架，对明显不同于日常活动的领域进行单独研究，例如艺术、语言、和文学。他那被译为《符号》(*Signs*) 的论文集，最初于 1960 年发行，当中清楚地表明了他后期的研究方向。次年，也因他的过早离世，这本书成为他自己所能看到的最后一部出版作品。纵观他的职业生涯，他一直不断地在创作有关于当代议题的政治作品，而与此同时，他的其他论文则体现出他对艺术家和作家创造性作品愈发浓厚的兴趣：他认为这些作品自身便具有某种重要的哲学意义。

4.1 二元论之再重复？

我们将在本章和第 5 章中详细研究一些梅洛 - 庞蒂的后期著作。但是就当前来讲，关于梅洛 - 庞蒂职业生涯的总体方向，还有一件值得注意的事，那便是他对自己早期研究进行的批判性反思。在他申请法兰西学院哲学主席一职的申请书的一部分内容中，他描述了他所理解的关于哲学的总体目标：

> 63 首先，我曾尝试在精神所在的身体和世界中去重建精神根基，这既违反了那些把感知简单地作为外物对我们身体的作用的结果的学说，也违反了那些坚持意识自主的人的主张。然而这些哲学都遗忘了……精神是嵌入到肉体而存在的，它既是一种我们通过我们的身体而获得愉悦，进而，也是一种通过我们的身体而感知事物的暧昧关系。
>
> （Merleau-Ponty 1964a：3f）

目前为止，这似乎验证了我们在第 2 章所了解到的内容，但是在这之后，他继续描述了他当时刚刚兴起的研究。其中之一他甚至盛大地称之为“真理之理论”（theory of truth），并想要通过这个理论来解释由身体体验的过程而衍生的概念性知识。但是他英年早逝的悲剧却意味着他永远不可能完成这一雄心勃勃的文章，尽管他未完成的手稿，以及他做出修改的工作笔记在他死后还得以出版。当中的一些工作笔记记录有关于他后来思想新方向的重要线索，包括他对指导他早期研究的一个基本原则的质疑：《知觉现象学》中所提出的问题是无法被解决的，因为当中我以“意识”作为出发点——并将其与“物体”区别开了（Merleau-Ponty 1968：200）。而在他做出上述的陈述之前仅有几页纸的内容：“在首次叙述之后依然存在的问题是：他们是将第一部分中‘意识’的哲学思想作为一种既定事实来看的”（Merleau-Ponty 1968：183）。

他在这里想要质疑的是由隐含在现象学原则当中被称为意向性的、看似毋庸置疑的二元对立关系，这也意味着“意识清醒”，即是如我们所看到的，就需要我们必须去意识到一些事情（不能只有意识——编者注）。因此，似乎现象学就必须要始于两个具有明显差异的“物体”：即意识本身，和被意识到的那个物体。而这一分离便立刻形成了一种进退两难的局面：如何解释这些在分类上显然大不相同的“存在”之间的联系——或者换句话说，也就是精神和世界——或是“思想中的物”和笛卡儿描述到的著名的“广泛意义上的物”（extended thing）之间相对立的联系（Descartes 1985: 127）。因此，对梅洛－庞蒂来说，“意识－物体”的差异性似乎暗示着“精神－肉体”二元论的回归，而这同样也引发了解释这两部分要如何能够联系到一起的问题。换句话说，这即是在他的早期研究中，一个仍然没有得到回答的根本问题：精神（或心理）是如何得以拥有关于世界的可靠知识的？ 64

这即是在他的早期研究中，一个仍然没有得到回答的根本问题：精神是如何得以拥有关于世界的可靠知识的？

该问题是哲学上称为“认识论”（epistemology）的基石：这是一种对人类对世界认知的本质和局限性的研究，与世界本身的“存在”相对立。对应后者（世界）的哲学通常指“本体论”（ontology）；字面意思上看，即是关于“存在的研究”或者是事物的本质。即使是当代的哲学家们也会争论现象学究竟应当归属于哪一类，因为似乎所有的重要人物——包括梅洛－庞蒂——事实上，都是横跨两个领域开展研究的。公平地讲，梅洛－庞蒂后期研究重点也发生了转变，即他将最初的研究范围，逐渐扩大至对感知的研究。正如我在第 2 章和第 3 章中已经提到的，梅洛－庞蒂正逐渐倾向于对意识的理解作为最终成果，而不是感知过程的起源。在我看来，这早已在他的早期著作，包括《知觉现象学》中，有过暗示，只有在后期著作如《可见与不可见》（*The Visible and Invisible*）中，这一观点才十分明晰。在梅洛－庞蒂学术研究中，有两个可能是他研究中最为重要的里程碑，而这些，也是由许多关注他的评论家们以多种方式所反复表达的观点。一部由法国哲学家雷诺·巴尔巴拉（Renaud Barbaras）于 1991 年翻译的著作表明其在早期和后期的研究之间存在着一个明确的断层。相比之下，盖里·布伦特·麦迪逊（Gary Brent Madison）在较早的一本书中，对于梅洛－庞蒂的思想方向，则提供了一个相对更加令人信服的统一描述，即一种看似更加通顺且天衣无缝的发展过程（Madison 1981; Barbaras 2004）。

在梅洛－庞蒂最终的研究中，他提出了什么样理论可以称得上是属于新本体论范畴的程度："世界的肉身"，这是基于
65 我们对所有出现的范畴的理解。该观点表明，我们对自身作为体验主体的日常理解——不同于物体的世界——实际上并不是感知的起始之处，而是终止之处。因此，他提出了思考体验的一种新方法，在这个方法中，意识被看作是因具身在世界上活动而产生的属性。换句话说，体验始于一种"共－融"（con-fusion）的原始模糊状态，在这种状态中，我们后来所识别出的主体和物体有效地"融合在一起"。在这种抽象的智力差异出现之前，我们是从物质以及空间和世界的连续性状态开始着手的。我们已经看到，梅洛－庞蒂在许多不同的背景下都对此进行过讨论，比如，我们在从某一时刻到另一时刻的身体运动中寻求对周围环境"最佳掌控"的过程，或是儿童从威廉·詹姆斯称为是"一团糨糊"（blooming，buzzing confusion）的那种著名的状态中逐步发展出个体识别性的过程（James 1950/1890: 488）。

我们已经提到，在梅洛－庞蒂关于儿童心理学的讲座中，

他已经对逐渐出现的自我和其他个体之间的区别这一过重要程进行过描述。这可以被看作为他后期关于肉身概念的一个重要组成部分，同样地，这同时也假定了一个混沌模糊的起始条件，在此条件中，身体和世界被视为是持续不断的。他提出这一概念是为了应对并解决精神和身体传统的对立性。他将这一二元论化的笛卡儿（暨理性）框架作为一种后来的知识叠加，进而掩盖了一种更为原始的条件。继而，心－身二元论的巨大哲学困境成为了一个人为造成的伪问题，所以，也就没有必要进一步解决这两个领域是如何可以相互关联的谜团。值得一提且颇为有趣的是梅洛－庞蒂的一些后继者们是如何对此进行发展与延伸的，这其中包括法国哲学传统派系中的雅克·德里达（Jacque Derrida）和吉尔·德勒兹（Gilles Deleuze）。它也是构成布鲁诺·拉图尔（Bruno Latour）[1] 所谓的“行动者网络理论（actor-network theory）[2]”的概念基础，此理论把技术体系描述成为包括人类和非人类“演员”的“自然－文化”的复杂混合体（Latour 1993）。在梅洛－庞蒂关于肉身概念的写作中已经表明了人类主体具有的一个根本的去中心化特征，而这使它颠覆了其在西方哲学史中传统的主导地位。我们在他对工具分析的过程中已经看到了身体与世界之间界限的模糊，这也将他定位——正如我们稍后将要看到的 66
那样——为一位所谓“后人类主义”当代形式的早期先驱。

在梅洛－庞蒂关于肉身概念的写作中已经表明了人类主体具有的一个根本的去中心化特征，而这使它颠覆了其在西方哲学史中传统的主导地位。

① 布鲁诺·拉图尔是法国哲学家、人类学家和社会学家。——译者注

② 行动者网络理论是一种社会理论的方法论，指社会和自然世界中的一切事物都存在于不断变化的网络中。——译者注

4.2 肉身的可逆性

尽管通过使用“肉身”这个词语或许可以假定某些内容，但梅洛－庞蒂在这里并不是意指一种新的物质或实体。事实上，这个词语更像是描述一些过程或者属性；或是身体和物体共同拥有的一种能力与品质。这是我们已经在第 2 章当中讨论过的另一个概念的例子：即感知者和被感知者之间的可逆性原则。如果我们感知空间仅仅是因为我们占据了空间，那么同样地，梅洛－庞蒂便也提出，我们感知物质性也可能仅仅是因为我们自身就是物质存在。而在肉身概念中所能共享的是其可以感知能力的特性，正如具身存在一样，我们通过有效地“把我们的身体借用给世界”，便能够从内部去体验世界（Merleau-Ponty 1964a：162）。该理念在论文《眼与心》（*Eye and Mind*）中得到了更为详细地发展，对于与此相关的绘画过程，我们将会在第 5 章进行考量。而本文中更令人感到好奇的，则是对身体和世界共同的物质性进行的强调，这同时也可以使我们回忆起通过技术而使得身体可以延伸的早期分析：

> 可见的，且是可以移动的，我的身体是万物中的一物；它被世界中的物质结构所捕捉，而它的内聚力也是万物中的一物。但是因为它移动自身并且看到世界，它便能够把握住围绕着自身的众物。物是自身的附属品或者是
> 67 自身的延伸；它们嵌入到肉身里，它们是自身完整定义的一部分；构筑世界的成分恰与构建身体成分的如出一辙。
>
> （Merleau-Ponty 1964a：163）

从此描述中可以看出，这或许就是肉体的概念本身想要传达的定义；从具身的共享模式中，独立主体最终能够出现。

在第 5 章，我将会尝试去证明这如何仅仅只是故事中的一小部分，但当前，我暂且想先更为密切地探讨一下物质性的主题。

《可见与不可见》的最后一章被命名为《交织 - 神经的交叉》（*The Intertwining-The Chiasm*），它包含了梅洛 - 庞蒂整个哲学体系中许多最常被引用的段落。这在那些直接应用他观点的建筑师们当中尤其如此，对他们来说，该论文似乎能够提供特殊的灵感。例如，频繁引用该论文的斯蒂文·霍尔，甚至将其题目名称作为自己一本书的标题和他一个项目的名称（Holl 1996）。形式上，卡斯玛博物馆（Kiasma Museum）是由两个互相缠绕的不同体块组成，相当直接地验证了交织的原则。尽管这位建筑师从梅洛 - 庞蒂的著作中还汲取了其他更为巧妙的方法，但在这一外形层面上，该建筑突出了一个关键的哲学困境。通过强调将先前互不相同的两个实体的融合，它促使人们注意到身体和世界之间的二元分化，而这——正如我们刚刚看到的那样——也是梅洛 - 庞蒂自己在尽力避免的。

梅洛 - 庞蒂在文章《交织 - 神经的交叉》中重复出现的主题是为尝试从二元的感知模型中逃离出来，因为他把该模型看作是他早期研究的一个弱点。为了做到这一点，依据上述我们已经暗示过的、可感知性的共享特征，他将关注点集中在了是什么使“先知者和被知者”（Seer and Seeh）统一在一起的：

> 当我再次发现真实的世界，就如，在我的手下，在
> 我的眼睛下，紧贴着我的身体一般，我发现的不仅仅是
> 一个物体：而是一种将我的视觉归为其一的存在，那种比
> 我的反应操作或者行为活动更久远的可见性。但是这并 68
> 不意味着我和它之间会有一个融合或者这一切只是一种巧
> 合：相反，这种情况的发生，是因为一种开裂将我的身体

一分为二，也是因为在我的身体被观看和我的身体能够观看之间，以及在我的身体被触摸和我的身体能够触摸之间，存在着某种重叠或者侵入，因此，我们也必须得说，物穿过肉身进入到我们当中，正如我们穿过它的肉身进入到物当中一样。

（Merleau-Ponty 1968：123）

尽管感知的过程暗示了身体和世界的融合，但他并没有声称我们会真正地被吸收到“最初的融合”（primal fusion）当中。取而代之的，是他提醒我们，每一次感知的行为，都是身体自身“个体发育”过程中的连续：即我们自身主体性的不断涌现（Merleau-Ponty 1968：136）。也正是这一不断累积的动态过程的历史，给予了我们每个人作为持久个体的独特识别性。梅洛 - 庞蒂在《知觉现象学》一书的末尾关于主体时间性的讨论中，首次表达了这一观点（Merleau-Ponty 2012：450）。其他的解释要素可以被称为可逆性原则，该原则也出现在他标题为《双重感觉》（*Double Sensations*）的早期著作当中（Merleau-Ponty 2012：94）。正是这一观点在文章《交织 - 神经的交叉》的讨论中占据了主导性地位，正如**交织**最直接的字面翻译的意义，即是一种以多种不同的方式形成的身体和世界之间的“交叉点”。

他并没有声称我们会真正地被吸收到“最初的融合”当中。取而代之的是他提醒我们，每一次感知的行为都是身体自身的“个体发育”过程中的连续：即我们自身主体性的不断涌现。

关于可逆性更为直接的意义从触觉体验上可以看得最为

清楚，因为在触觉体验当中，我们知道已经触摸到某些事物的唯一理由，是因为物体对我们反推回来。如果没有这种来自于物体的、其对我们介入的抵触感或者触觉反馈，而若是基于纯粹的物质的实体存在之上，体验就会缺乏其特有的质 69
感。该反馈过程颇为有趣的方面，是我们往往会倾向于忽视身体的贡献，当我们触摸物体时，我们反而会假定我们获得了一些有关于它自身特征的信息。当然，我们所真正体验到的，并不仅仅是物本身，而是我们那处于体验物体的**行为活动**中的身体。这就是哲学家戴维·莫里斯所说的“身体与世界的交叉”，正如我们在第 2 章中所看到的，这一交叉过程包括了横穿感官交界面的信息交换（Morris 2004：4f）：

> ……身体质量（mass）的爆发是朝向物体的，这使我的皮肤振动并变化出光滑和粗糙，使得我的眼睛跟随着物体本身的运动和轮廓，这种它们与我之间具有魔力的关系，以及这种它们同我的契约，而根据这种关系和这一契约，我把我的身体借给它们，从而使它们能够记录在案并且把它们的相似性提供给我……定义一种整体视觉和恒定的可见性式样，我也不能将我自己从该愿景和式样中分离出来。
>
> （Merleau-Ponty1968：146）

描述感官特性交叉的另外一种方法，是在哲学家尼古拉斯·汉弗莱（Nicholas Humphrey）描述**看见红色**（Seeing Red）的过程中得以例证的。他通过把我们的身体刺激归因于我们假定引起该刺激的物体，描述了我们是如何借助体验而学会去“错误地定位”各种感觉的（Humphrey 2005：62-64）。对梅洛 - 庞蒂而言，汉弗莱的分析中（1968：133-135）所有的感知都是由触觉的变化而来的观点，也就是在一定意义上说，我们所有的感官都依赖于某种形式的身体接触。

就像听力是依赖于耳膜表面因声波而产生的震动，同样地，视觉也是光线“击中”视网膜后部的结果。只有在病理学的案例中，这些感官看起来才都是由身体本身引起的，但若只从原则上讲，这一结论也并非完全不合理的。在正常运作的功能感知中，我们依赖于我们拥有两只眼睛和两只耳朵这一事实，这就导致了来自于两个“接收部位”的信息重叠出现了
70 严重的错配。这使得我们能够在三维空间中定位刺激的来源，而我们也通常能够通过进一步的身体探索——正如我们先前看到的——确认这种定位。

正如我们已经了解到的那样，梅洛-庞蒂经常提到一只手触摸另外一只手的例子，把它看作以反馈原则为基础的所有感知的一个范例。在《交织》一文中，他使用该例子来表明一种复杂且隐喻的、身体和物体可以以此被描述为“可逆的”的方式，而由此看来，身体和物体都参与到了他所说的最初的可见性条件中。

> 在探索和探索将会教给我的内容之间，在我的运动和我所能触摸到的东西之间，一定存在某种原则上的关系，某种亲缘关系，且根据这些关系，它们不但是……不明确与短暂有形空间的变形，而且是来自触觉世界的邀请以及触觉世界为我们所敞开的窗户。这只有在我的手既能够触摸外界又能够从内部感知时，才能发生。对我的另外一只手来说，手本身是实实在在可触摸的，例如，如果它在它所触摸的物体中占有一席之地，那么手就在某种意义上，也是所被触摸物体的一部分，那么也就是说，手最终打开了一个有形的存在，而手本身也是这个存在的一部分。
>
> （Merleau-Ponty 1968：133）

这段话他想表达的是，物体感知我们就和我们感知它们一样，我们都带有彼此相遇的痕迹（Merleau-Ponty 1968: 139）。而作为“拥有精神的”身体，这两个相互作用的历史之间的主要差别在于，我们有能力去反映我们的体验，去记住体验，从体验中去学习，以及（至少部分地）通过理性的方式去吸收它们。这一观点最近也以所谓的“思辨实在论”（speculative realism）的旗帜再次出现，而这是当人类没有参与时，理论化物体之间相互作用的一种方式。举例来说，哲学家格雷厄姆·哈曼（Graham Harman）[①] 声称“火愚蠢地燃烧棉花”，这表明虽然物体能够与其他实体的特定方面互相作用，但是它们只能够以更为局限的方式和属性进行相互作用（Harman 2011: 44f）。这一观点也帮助我们思考人与场所之间持续的互动，而我们在建筑物上使用材料的方式或许也能够反映——然后“记住”——这些相遇。

物体感知我们就和我们感知它们一样，我们都带有彼此相遇 71
的痕迹。而作为“拥有精神的”身体，这两个相互作用的历史之间的主要差别在于，我们有能力去反映我们的体验。

4.3　观点与事物

在《眼与心》一书中，梅洛－庞蒂在视觉艺术的背景下，探索了这些观点，并集中讨论了艺术家们对他们的绘画过程的体验所说和所写到的内容。作为“可被事物看见”（seen by things）的身体在追求可逆性观点时，他提到了总是会在绘画中描述的镜像体验：

---

① 格雷厄姆·哈曼是南加州建筑学院的著名哲学教授，是思辨实在论的核心人物。——译者注

> 艺术家们常常会去仔细地思考镜子，因为在这种“机械把戏”下他们意识到……定义我们的肉身和画家的职业进行的看与被看的转变。这也解释了他们为什么总是喜欢在绘画的行为活动当中描绘自己（他们现在依旧这么干——看看马蒂斯的画吧），同时会在画中加上他们所看到的，以及看到他们的那些事物。
>
> （Merleau-Ponty1964a：168f）

对梅洛－庞蒂来说，镜子是对所有人造物的感知模型，因为：“就像所有其他的技术物体，比如符号和工具，镜子产生了从看见身体到可见的身体**的过程中**，的开放式的回路”（Merleau-Ponty 1964a：168）。在本书中我们已经提到过的他关于儿童心理学的讲座中，梅洛－庞蒂也参考了雅克·拉康对儿童发育过程中所谓的“镜像阶段”的具有影响力的分析。两位思想家都将其视为一个关键时刻，那就是当孩子们意识到“可能会有一种观点呈现在他身上”，而通过“一个人的图像可以使得一个人获得知识成为可能”——这是个体化渐进过程中的一个关键部分，而我们所有人都是通过这个过程而成为独立主体的（Merleau-Ponty 1964a：136）。和“艺术家看见的世界”一样，绘画也展示了“世界看到的艺术家”：
72 这是身体和绘画这一媒介物之间的一种“交叉”，此种交叉被记录在了在画布上可见的笔触中。这一观点也得到了英国雕塑家理查德·朗（Richard Long）的赞同，他在其作品“我在世界上的自画像”（*the portrait of myself in the world*）中对此观点进行了描述（Long 1991：250），并也在他的早期的摄影作品《走出的线》（*A Line Made by Walking*）中，很好地体现了这一观点（1967）。

我们“解读”这些相互作用踪迹的过程也意味着观众身体

性的参与，而这，我们现在或许可以将之部分地理解为镜像神经元系统运行的结果。由维托里奥·加莱塞（Vittorio Gallese）和艺术历史学家戴维·弗里德伯格（David Freedberg）[①]合著的一篇发表于 2007 年的文章，便开始探索了这种可能性。当中他们问道：参与观察行为的神经回路是否也只是通过观看结果的踪迹而被激活的。通过扫描人们在观看不同绘画作品时的大脑，他们得出，事实上，同样的系统参与其中："对那些抽象画，比如杰克逊·波洛克（Jackson Pollock）[②]的作品，观众通常会体验到通过实际存在的痕迹而表现出来的、身体参与到运动中的感觉——这些痕迹存在于笔触或者颜料滴当中——其实也就是作品制作人的创造性行为活动"（Freedberg and Gallese 2007：197）。除了美国艺术家杰克逊·波洛克为代表的所谓的"行为绘画（action paintings）"作品之外，他们还使用了意大利人卢西奥·丰塔纳（Lucio Fontana）[③]割破的画布。在每一个例子中，参观者的反应都包含了一些来自于艺术家的运动行为，他们都通过在内心做出一些艺术家在创造作品过程中也会做到的姿势去"解读"这些作品。接下来，作者将要继续把此观点和我们在第 3 章已经讨论过的 19 世纪共情的概念联系起来，弗朗西斯·茅尔格里夫（Francis Mallgrave）在他《建筑师的大脑》（*The Architect's Brain*）一书中也提出了类似的联系（Mallgrave2010：195）。

---

① 戴维·弗里德伯格因研究艺术的心理反应而著名，在圣像破坏和审查制度方面的研究成果尤为著名。——译者注

② 杰克逊·波洛克是美国画家，是抽象表现主义运动的主要代表，以滴画画法而著名。——译者注

③ 卢西奥·丰塔纳是意大利画家、雕塑家以及理论家，是空间主义的杰出奠基人。——译者注

73 理查德.朗,《走出的线》, 1967

我们“解读”这些相互作用踪迹的过程也意味着观众身体性的参与，而这，我们现在或许可以将之部分地理解为镜像神经元系统运行的结果。

鉴于绘画和雕塑在 20 世纪朝着极简抽象主义的方向发展，并还强调概念方法论，那么我们可以认为，在当时，这些 74
经验很难可以应用到大部分的艺术中。但是随着“物体危机”的发生，至少从 20 世纪 60 年代开始，人们对观看（viewing）过程的兴趣渐增，这也引发了更多的实验性的、以事件为基础的——通常是互动性质的——现场表演。这一观点在艺术历史学家亚历克斯·波茨（Alex Potts）的重要作品《雕塑想象》（*The Sculptural Imagination*）中得到了很好的体现，在此作品中，他展示了梅洛-庞蒂的观点在战后绘画与雕塑的发展中具有多大的影响（Potts 2000：207-234）。

梅洛-庞蒂还关注绘画本身在多大程度上可以被看作为一个“事件”；例如，绘画纸面上的记号，可以为另外一个在场的人起到目击者的作用，同时记录他们和绘画媒介物实质性相遇的故事：

> 举例来说，如果我看到另一个人在画一幅画，我可以把绘画理解为一种行为活动，因为它直接和我自身的能动性进行了对话。当然，这幅画的另一个作者，还不是一个真实完整的人，而且相比绘画来说，还有更多具有启示作用的行为活动——例如使用语言。然而，重要的是要看到，在我将他和我自己定义为在世界中的“传导媒介”的那一刻起，那另一个作者的观点和视角便将作为我“掌握”我们周围自然与文化世界的方式，而呈现在我面前。
>
> （Merleau-Ponty 1964a：117）

当我们从“绘画的建构学”向建筑建构学领域转移的时候，这一叙述身体运动的概念便也会变得同样重要。就像画布上的笔触记录了艺术家和颜料的碰撞一样，建筑材料的表面也能告诉我们有关于建造过程的故事。木料上的锯痕是可见的，一块石头上的凿痕也是可见的，它们都证明了人类的意图和材料阻力之间存在一种辩证性的斗争。路易斯·康曾写过关于询问一块砖“它想成为什么”的著名段落，如果超越这一内容，此处就会有一种可以产生两种截然不同知识的动态参与
75 感：通过质疑我们已经获得的材料的可能性和局限性，我们了解了我们作为人类的自身能力——以及缺点。正如约翰·杜威在《艺术即经验》(*Art as Experience*)一书中写道：“如果没有来自于周围环境的阻力，一个人也就不能够意识到自我”(Dewey 1980/1934：59)。

就像画布上的笔触记录了艺术家和颜料的碰撞一样，建筑材料的表面也能告诉我们有关于建造过程的故事。

4.4 可逆性建筑

最近的一些建筑师和作家都着重于建筑物中材料的存在；具体地说，就是材料性能和建构关系如何邀请参观者进行身体互动。举例来说，肯尼思·弗兰姆普敦(Kenneth Frampton)[①]在他《建构的文化研究》(*Studies in Tectonic Culture*)一书中，着重探讨了一些相对来说被忽视的设计师[②](至少在主流现代主义建筑标准当中)，其中包括路易斯·康

① 肯尼思·弗兰姆普敦是英国建筑师、评论家、历史学家，他被认为是世界著名的现代主义建筑历史学家之一。——译者注

② 此处作者并非指这些建筑师不出名，而是特指这些建筑师多秉承某种传统理念，不似标新立异的明星建筑师那般张扬。——译者注

（Louis Kahn）、约恩·伍重（Jørn Utzon）[①]和卡洛·斯卡帕（Carlo Scarpa）[②]，去关注了他们的建筑是如何赞美其建造过程的（Frampton 1995）。有趣的是，在弗兰姆普敦的著作中还指出，这些议题具有更深层次的政治维度，我将会在第5章中对此进行更详细的探讨，并尝试定义建筑上有效的“批判性的现象学”是由什么组成的。虽然没有特别为人所知但是也同样重要的是马可·弗拉斯卡里（Marco Frascari）[③]的著作，他在卡洛·斯卡帕事务所的早期设计体验为他后期的理论研究提供了许多灵感。在一篇经常再版的文章当中，他描述了视觉和触觉体验之间的联系，他在文章中提到建构细节通过具身运动的感受和体验，有助于这种亲身邂逅的叙述：

> 在建筑中，去感受扶手、走到台阶而上或者在墙壁之间，在转角处拐弯并注意到横梁安置于墙中的位置，所有这些都是视觉和触觉的协调要素。而那些细节的位置产
> 生了能够把意义和感知紧密联系在一起的约定。以这一 76
> 方式实现的建筑空间的概念，是视觉细节图像联合表现的结果，是通过间接视觉现象获得的，此种视觉现象伴随表现在形式上、维度上以及位置上的几何命题而出现，并通过触摸和穿过建筑发展而成。
>
> （Frascari 1984：506）

在同一篇文章中，弗拉斯卡里还提出了另外一种可逆性的形式，这一次是基于“技术”（Technology）这个词语，他把这个词语诠释为两个相关含义的交叉或者交织。一方面，

---

① 约恩·伍重是丹麦建筑师，所设计的悉尼歌剧院广为人知。——译者注

② 卡洛·斯卡帕是意大利建筑师，他把历史、区域主义、艺术技巧和手工应用到传统玻璃和家具设计当中。——译者注

③ 马可·弗拉斯卡里是意大利建筑师与建筑理论家，他是卡洛.斯卡帕的学生。——译者注

技艺标识（logos of techne）的含义，在广义上讲，是“建造知识”，这和传统上可作为手段的技术观相关联，可以简单地将其认为是达到终极目标的一个技术手段，但是另外一方面，**标识技艺**（techne of logos）也意指“知识的建造”；这一概念源于制造过程，在其中想法和概念开始能够出现。该组合含义呼应了我们先前已经区分开的，“知道那”和“知道如何”之间的差异性，并同时提出，事实上，前者是后者的结果。换句话说，概念性知识的增长是建立在著名的唐纳德·舍恩（Donald Schön）[①] 称之为“行动中反思”（reflection-in-action）的基础之上的；而这是一个持续的对新出现的实践成果进行批判性反思的动态过程（Schön 1991: 49-69）。

除了对建造的材料性和建构性更为普遍的关注之外，还有另外一种形式的，建筑师应该仔细考虑的材料叙事方式。对此，我们可以称之为“使用性的建构”（tectonics of occupation），这是指许多建筑物在他们的使用寿命的周期中，逐渐积累起来的、实际存在的使用痕迹。与梅洛－庞蒂自我逐步出现的观点不同——我们承载着历史继续前进的结果就像一直不断地滚雪球一样——建筑物也具有它们自身和世界相遇的历史；而我们常把这个历史相当轻蔑且简单地称之为“岁月斑驳”（patina of age）。事实上，恰是这些斑驳痕迹赋予了所有建筑物一定程度上的个性，无论这些建筑物在最初建造时是如何的平淡无奇。一个例子就是难以预测的气候的一种无休止的行为活动，随着时间推移，甚至使得大批量流水线生产的建筑材料都最终背叛了其自身的独特性，许多建筑作家都对此进行过颇具建设性的描述（Mostafavi and Leatherbarrow 1993; Hill 2012）。同样地，建筑物也可以

---

① 唐纳德·舍恩是美国哲学家，是马萨诸塞理工学院的城市规划系教授。他发展了反思实践理论和进行组织性学习的理论。——译者注

根据其使用者的行为活动而作出不同的反应，将其自身从一 77
个平淡无奇的容器转变为独特的使用记录。正如建筑师拉尔斯·莱勒普所描述的、人们会把名字刻到学校书桌上的常见例子表明，人们往往在那些会向他们主动发出邀请的空间当中感到更高的舒适度，即使这种个性化有时候会涉及一些“创造性破坏”的行为活动（Lerup 1977：129f）。

与梅洛 - 庞蒂自我逐步出现的观点不同——我们承载着历史继续前进的结果就像一直不断地滚雪球一样——建筑物也具有它们自身和世界相遇的历史。

梅洛 - 庞蒂也受到了来自于积累在“文化物体”（cultural objects）当中的个性感觉的启发——这是一种对他者存在的认可，也是，通过事物对我们的映像（反思），认可了我们自己：

> 我不仅拥有一个实际存在的世界，生活在土壤、空气和水的包围之中，而我的周围还有道路、种植园、村庄、街道、教堂、铃铛、器具、勺子、管道。这些物体中的每一件都带有人类使用它们时行为活动的印迹。每一件也都能够隐隐约约地散发出一种人文氛围（如在沙子里留下一些足迹之时），（而如果我去探索一栋最近才被从上到下都腾空的房子）却也可能是一种强烈的氛围。
>
> （Merleau-Ponty 2012：363）

当我们面对一件古老的艺术品时，他将它描述成为“会说话的存在踪迹”，再次被个性和社会性二者的结合体所深深吸引的他说道：

> 在文化物体中，在不知名的面纱下，我近距离地体验 78
> 到了他者的存在。一个人抽烟的烟斗，吃饭的勺子，或

者是用来召唤的铃铛，我们对文化世界的感知可以通过一个人行为活动的感知和另外一个人的感知而得到印证。

（Merleau-Ponty 2012：363）

当然，除了与这一由先前使用痕迹传达的历史叙事一同的、将对建筑的解读作为活动的场所的维度之外，还存在另一维度。该观点是指建筑物会为其使用者提供未来行为活动的“可供性”，正如在第2章所描述的那样，与运动认知的观点相关。如果功能可以通过建筑形式布局被信号化，那么，这就提供了一种重要的可以引起建筑使用者与建筑进行身体行为活动互动的方法。如前所述，在追求形式和功能的紧密结合过程中存在一种潜在的危险，因为在这种情况下，未来的用途会被定义得过于严格，而空间本身也会存在不够灵活的风险。一些值得我们学习的有趣经验是有些建筑师为使用者安排了更为直接的参与方式，即他们通过创造性的临时功能变更，鼓励了对空间不断地重新使用。近年来，在荷兰建筑师阿尔多·凡·艾克（Aldo van Eyck）[①]和H·赫茨博格（Herman Hertzberger）[②]的作品中可以看到这些对空间不断重新使用的特征，而就当前来讲，这一点也在一大批聚拢在“空间力量”（Spatial Agency）[③]的旗帜下从事设计的年轻建筑师们的实践中都有所体现（Awan et al. 2011）。

---

① 阿尔多·凡·艾克是建筑结构主义运动的最有影响力的人物之一。——译者注

② H·赫茨博格是获得著名皇家金奖的最后一名荷兰建筑师。——译者注

③ Space Agency（空间力量）为建筑实践提供了综合性的设计方法论。它是一个由英国建筑学术界中的几位学者发起的一个建筑反思项目，旨在寻找一种创造建筑与空间的新方法。他们提倡从传统的建筑学范畴跳出，寻求建筑师与非建筑师的合作。其代表人物有：设菲尔德大学高级讲师，塔特加纳·施耐德（Tatjana，Schnelder），伦敦中央圣马丁艺术学院（Central Saint Martins）与伦敦艺术学院（University of Art，London）院长，杰里米·蒂尔（Jeremy Till）以及设菲尔德大学的副研究员倪莎特·阿万（Nishat Awan）。其网站网址为 http://www.spatialagency.net——译者注

法国哲学家保罗·利科（Paul Ricoeur）也曾提出过这一针对未来空间的不可预测的可能性持有的这一种开放的态度。尽管这种开放性通常与历史诠释学那更为保守的趋势相关——即致力于恢复宗教作品中“丢失的”或者隐藏的含义的细致的文本解读的实践——利科也曾指出到底多彻底的对诠释学的再定位，才能使其去关注一段文字在事实上所可能具有的新的含义变为可能。换句话说，他所描述的是一个双重诠释过程著作背后的空间（即理解作者的意图），以及更为重要的，“著作前面的”空间，也就是去理解未来读者可能会有的体验，而在我们的例子中，便是建筑使用者可能会有的体验（Ricoeur 1981：141）。

这一观点也体现了梅洛－庞蒂时间分层模型的内在丰 79
富性：这种内在丰富性即是指我们通常称之为“当下时刻”（present moment）的事物，实际上是包含着最近的过去和即将发生的将来的复杂分层（Merleau-Ponty 2012：439f）。这也是他描述的、表现在绘画当中的层次感，即时间顺序通过对运动过程的描述而被表现了出来：

> 绘画所呈现给我双眼的，与那被呈现在绘画当中的运动如出一辙：一系列恰当混合的，如果有鲜活的生物被包含在内的话还会有的瞬时间的一瞥，而态度则以不稳定的状态悬浮于过去和未来之间——简而言之，观众可以通过解读场所中所留下来的痕迹而从外部去体验场所的变化。
>
> （Merleau-Ponty 1964a：184f）

另一个我自身在博物馆建筑中关于材料性体验的另外一个例子，也可以支持另一个我所提出的、关于在两种建构中表现出了同一种对称性的观点。首先，是建造的建构，其表现在制造过程的痕迹当中，其次，是我所说的使用性的建构，

卡鲁索·圣约翰建筑师事务所，新艺术美术馆，沃尔索尔，2000。

卡鲁索·圣约翰建筑师事务所，新艺术美术馆，沃尔索尔。

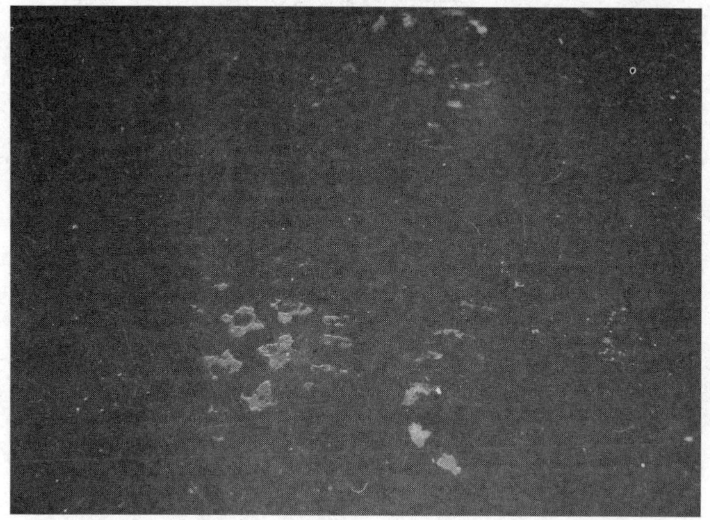

卡鲁索·圣约翰建筑师事务所，新艺术美术馆，沃尔索尔；第三层楼梯平台处。

意指积累使用过程中的痕迹。临近伯明翰的沃尔索尔的新艺术美术馆（New Art Gallery），由卡鲁索·圣约翰建筑师事务所（Caruso St John Architects）[1]设计，简单地讲，它基本上就是一个用木板进行了装饰的混凝土盒子，内墙。这些木质嵌板遵循了与混凝土模板痕迹相同的布局，使得木板的线性纹理和具有混凝土印迹的模板纹理得以并置到一起。这种视觉上的联系为这些混凝土墙的建造方式提供了清晰的诠释，即便它们的模具并没有和木质嵌板使用相同的木板。在建造过程中，另外一个对身体的角色进行了更为直接暗示的细节，则显得并不是那么刻意，同时也更容易被人所忽略。在主楼梯上面的楼梯平台处，可以看到许多不完整的脚印；那是建筑工人所穿的安全靴的痕迹，零零散散的永久性地铸进混凝土地面当中。尽管曾被用来抛光混凝土表面的电动抛光机，通常会使得混凝土表面变得十分光滑，但是在这个例子里，看起来建筑工人并没有完全成功地“掩盖他们的痕迹”。这个结果提供了一种建筑工人最初的身体运动所留下的微妙记录，一种幽灵般的存在证据，就像是教堂地板上那些刻有文字的
80 墓碑一样。事实上，这些永久性的印迹往往和建筑使用者所留下的临时脚印一起出现，以一种微妙的方式，激发我们把建筑是如何建成的，以及它将来可能被如何使用的可能性联系到了一起。

82 在两种建构中表现出了同一种对称性。首先，是建造的建构，其表现在制作过程的痕迹当中，其次，是我所说的使用性的建构，意指积累使用过程中的痕迹。

[1] 卡鲁索·圣约翰建筑师事务所是由亚当·卡鲁索和彼得·圣约翰于1990年成立的，以设计当代公共建筑而闻名。详情请参见 www.carusostjohn.com。——译者注

4.5 鲜活的材料性和环境伦理

一种认为材料性充满着鲜明个性的感觉来自于一个事实，即它已经被接受，并且也已被投入到服务人类工程的系统中工作的事实。这一过程所产生的历史相关性正是保罗·利科，在他的声称中所涉及的内容：“唯有通过在文化作品所积淀下来的人文符号的漫长迂回，我们才能理解我们自己”（Ricoeur 1981：143）。但是，在这有些偶然的、人类活动痕迹的累积之外，还有一种会被刻意地将技术制品设计为类 - 人类代替物来发挥功能的观念。而这即是指许多日常设备复制了人类代理的行为活动的状况，举例来说，如布鲁诺·拉图尔在他的一段分析中所描述的头顶上那简单的闭门器一样（Latour 1988：301）。拉图尔饶有兴致地指出了，当这些设备开始发生故障的时候会发生些什么。在这种情况下，这种机械构造本身的材料性似乎再次显现出了其自身的力量（agency）形式。这主要是材料物理性能的结果，或者我们最好称之为它特殊的**倾向性**（propensite）。换句话说，当材料在某种程度上以特定的方式使用时，它或许可以更为有效地发挥作用。当然，这可以让人想起路易斯·康的观点，即确实存在一块砖头可能“想要”成为的事物。例如，木材和石板，基于他们微观结构的独特指向性，均具有另外一种性能倾向。他们都能够较为容易的、沿着纹路或者与纹路平行来进行切割，而这也就赋予了它们显著的视觉以及物理特征。

此处还有一个关于我们早期讨论的，即关于法语词汇“含义”细微差别的提示。如果法语单词 **sens** 能够被同时翻译 83
为**含义**（meaning）和**方向**（direction），那么这或许是一个趋向于“材料的含义”的线索，而通过此线索，材料的一种性能倾向或者力量属性就是材料所要发展的方向。这一观点也让人联想到了汉语中“**势**”的概念，它既可以有“位置”的含义，也可以有“潜能”的含义。政治理论家简·班纳特（Jane Bennett）[①] 在她《有活力的物质》（*Vibrant Matter*）一书中，对此以一种有效的方式进行了解释，在书中，她还分析了复杂的技术组合是如何呈现出类－人类属性的：

> “势”是物本身固有的风格、能量、倾向、轨迹，或者特定阵列的气场。这最初是一个用于军事战略的词语，“**势**”出现在一个优秀的将军的描述当中，这位将军一定能够解读并驾驭即关于情绪、风、历史趋势以及军事力量的“势”的格局：“势”命名了源自于时空格局、而非其内部任何特定要素的动态活力。
>
> （Bennett 2010：35）

我们因此可以用梅洛－庞蒂的术语说，我们对空间“意义”的最初掌握是来自于对空间潜在可占有性的感觉。同样地，在被请求伸出双手去接触空间并“在半路上有了对空间的感觉”时，我们自己也会被拽向某一个特定的方向。因此，我们可以说，我们对材料可供性的掌握是基于对与其相似的可能性和局限性的一种感觉。从中融合出来的，是世界特有结构当中的一种力量[②]或者“活力”，而这也是梅洛－庞蒂在

① 简·班纳特是美国政治理论家和哲学家。——译者注

② “力量”一词在本节和上一节中，都是由“agency”翻译而来。它象征着物体所拥有的一种内在的力，就像人拥有力量一样，可以用来对环境或条件产生影响。这一现象主要体现在物体的材料性能上，比如说当我们加工木材或石材的时候，这些物体本身的材料属性，使得我们感到加工的难度，就像这些物体使出自身的力量在反抗我们一样。因此从这一点出发，我们可以试想物体在其材料性方面，都是具有“活力”的。它们看上去想方设法抵抗我们人类的活动，从而表现出一种特别的“个性”或“特性”，例如，木材通过顺纹或逆纹这种自身的材料特性，就在人们加工它们的时候给予我们不同的抵抗力。这也许就是路易“砖呀！你到底想成为什么？”的真实愿意吧！（该解释来自于译者对原书作者的采访）——译者注

他后来的肉身本体论中也提出的观点。肉身的可逆性，正如我们已经看到的那样，至少在他们都能彼此意识到对方的范围内，暗示着身体与物体均应被看做“活”物，而这也就是说，他们均能够记录他们之间互动的结果。

我们对材料可供性的掌握是基于对与其相似的可能性和局限性的一种感觉。从中融合出来的，是世界特有结构当中的一种力量或者“活力”。

梅洛－庞蒂观点的灵感之一来源于亨利·柏格森（Henry 84
Bergson）的早期研究，尽管他热衷于使自己和更为神秘的、柏格森著名的生机主义（vitalism）概念保持距离。生机主义的观点是指，所有活着的有机体都是因某种神秘的力量，或者重要的能源而变得生气勃勃的。他力图避免生机主义谴责的这一顾虑也得到了许多当代哲学家们的响应，尤其是那些正在新兴领域做着被称为“新唯物主义”（new materialism）研究的哲学家们。这群思想家们，从广义上讲或许也可以被定义为后人文主义者，而他们如今也在尽力地摆脱传统上二元对立分类的问题。正如我们已经看到的那样，布鲁诺·拉图尔的行动者网络（actor-network）理论质疑了人类行动者和非人类行动者之间的划分，与之相似地，唐娜·哈拉维（Donna Haraway）[①] 关于“赛博格”（cyborg）[②] 的概念则模糊了人与机器之间的区别（Haraway 1991）。除此之外，技术的发展也在逐步打破传统上类别划分。例如，医学上新的进展，如

① 唐娜·哈拉维是科学与技术研究的著名学者，也是和后人文主义以及新唯物主义运动相关的当代生态女性主义的领军人物。——译者注

② 赛博格（cyborg）是控制论（cybernetic）和有机体（organism）组合到一起的词语，主要指人机共生体，哈拉维又予以拓展，用来反对一切二元对立关系。——译者注

基因治疗和器官移植的医疗手段，迫使我们去质疑我们先前的、对是什么构成了人类主体的理解。梅洛 - 庞蒂的后期哲学直接影响了一大批重要的作家，包括简·班纳特（Jane Bennett）、威廉·康诺利（William Connolly）、凯瑟琳·凯勒（Katherine Hayles）和戴安娜·库勒（Diana Coole）（Coole and Frost 2010）。

环境哲学家们最近也为这一彻底重新思考的过程做出了贡献，例如，他们提出了我们应该考虑把地球作为一个单独的延伸出去的生命有机体的观点。詹姆斯·洛夫洛克（JamesLovelock）[①] 提出的著名的盖亚（Gaia）理论或许就可以作为一个显著的代表，他指出，我们应该把世界看作为一个自我节律生态系统的互动网络（Lovelock 1979）。这一人类和非人类行动者之间的齐平状态，存在明显的伦理后果，而约翰·杜威也早已在他的提示中指出，我们不应该忘记，我们并不仅仅是自给自足的自我。我们周围的物体、建筑物和景观，事实上，都是作为人类的我们的一部分，因此，我们应该更为细心地照顾它们，就像我们（通常）照顾我们自己的身体一样：

> 表皮是以最肤浅的方式告诉了我们有机体在哪里结束，而环境又是从哪里开始。在我们身体之内会有一些外
> 85 来之物，而在我们身体之外也有属于我们身体的物体……在浅显的规模中空气和食物……在高级复杂的规模中，工具，无论是作家手中的笔还是铁匠手中的铁砧、器皿和家具、资产、朋友以及机构——文明生活离不开所有这些东西的支持和供给……在紧急的，要求我们通过环境——

① 詹姆斯·洛夫洛克是独立的科学家、环境学家和未来主义者，因提出了盖亚假说而闻名于世。——译者注

> 而且只有通过环境——才能得到供给的冲动下所显示出来的需要，是一种为了周围环境完整性而产生的、自我依赖的动态确认。
>
> （Dewey 1980/1934：59）

正如我们都依赖于来自环境的一种持续供应，这甚至可能会鼓励我们把建筑物本身看作为一个活的有机体，同样地，该有机体可以被看作为一种能够自我调控的系统，与其自身环境共生共处。事实上，这是由杨经文建筑师在他《绿色摩天楼》（*The Green Skyscraper*）一书中所提出的一个观点。当中，建筑被描述成为一系列开放式结尾的系统，被嵌入到即时环境当中，和周围环境以持续不断的能量交换来相互作用（Yeang 1999）。

正如我们都依赖于来自环境的一种持续供应，这甚至可能会鼓励我们把建筑物本身看作为一个活的有机体，同样地，该有机体可以被看作为一种能够自我调控的系统，与其自身环境共生共处。

在第 5 章中，我们将会再回到梅洛 - 庞蒂对可逆性的全力关注上，但是这一次我们会将其与体验和表达形式之间的相互作用联系起来。然而，在看到当代思想家们是如何“将生命重新注入”材料当中之后，有趣的是能够看到梅洛 - 庞蒂是如何感受我们生活中更为常见的、并将其提取出来的趋势。下面的一段引用描述了可能发生的事情，例如，当人类的艺术制品成为博物馆内的展品之时，即使现在会有许多人
并不同意博物馆体验这一颇显陈旧的观点。然而，这是一个 86
有用的提示，当生活体验被抽象成为梅洛 - 庞蒂所谓的“客

观想法”（objective thought）的“冻结”（frozen）形式时，它会提醒我们在哲学概念产生过程中还会发生什么事情：

> 对我们来说，博物馆使得画家和章鱼或者龙虾一样的神秘。它把这些因对生活的狂热而产生的作品变换成为来自于另外一个世界的奇迹。在令人陷入沉思的氛围中，在起到保护作用的玻璃之下，能够支撑它们生气的仅仅是一种表面上虚弱的震颤。博物馆扼杀了绘画的激情，萨特说，正如图书馆改变了文字作品，把原本是人类的表达变成了“信息”。这是死亡之史实。同时也存在着一种生命的史实，而博物馆所提供的，顶多也就只是一幅堕落的图像罢了。
>
> （Merleau-Ponty 1964b：63）

第 5 章

创造与创新：从规守之言到革创之语 87

尽管是寻常的假设，尤其是在建筑上比较盛行的那些，现象学从根本上还是回顾过去的，我一直在试着说明梅洛－庞蒂是如何提出一种完全不同的观点的。虽然很明显地我们被带回到了哲学诞生之前，以表明我们的观点是如何植根于体验的，但这也不应该被理解为他在试图恢复一些“丢失的”事物——无论是丢失的体验、丢失的场所，或者丢失的含义。相反地，事实上，梅洛－庞蒂一直努力解释，含义在我们体验不断展开的过程当中，是如何动态地显现出来的。它同时受到我们物质与文化环境的制约和允许，在某种意义上，我们都必须**学会**如何去体验这个世界。因此，建筑师至少能够从这门哲学中得到一个重要的结论：那就是更好地理解我们的建造环境在学习过程当中所做出的贡献：“我们的行为活动和我们周围特定的环境均是我们自我认知的起始点，我们每一个人，对自己而言，都是这样一面镜子中的陌生人”（Merleau-Ponty 1964b：73）。

5.1　透过绘画去看

因此，梅洛－庞蒂为我们提供了哲学上关于现象学的另一个视角，以作为一种探索的前瞻性方法。这也有助于解释他对艺术创作过程的兴趣，而同样地，他也把艺术创作看作为特殊形式体验的成果。在他看来，艺术家将创作一幅画的过程作为看世界的一种方式，或者换句话说，艺术家是通过创作一幅画的**行为活动**来体验世界的。因此，图像不能被看作为体验的“记录”；它们是艺术家获得诸如此类的体验的方式。梅洛-庞蒂还提出，对观众来说，并不是把作品看作为一个
88 物体，而是被邀请“去根据此作品去看”，于是，在某种意义上，我们是通过自身对图像的身体反应去重新经历艺术家的体验：

> 事物在我当中具有和我一样的内在对等物；它们在我当中唤起了它们存在的世俗准则。为什么这些 [相似性] 不应该依次使 [外在的] 产生一些可见的形状呢？由此，任何其他人便都可以识别出那些支持他自己对世界审视的母题。
>
> （Merleau-Ponty 1964a：164）

因此，不管是创作了这个作品的艺术家或者是正在欣赏该作品的观众，二者都是通过作品这一媒介，以一种新的方式去看世界。这在某种程度上解释了梅洛-庞蒂的体验和表现的“可逆性”所意指的含义：如果用绘画表现世界是一种精妙复杂的感知形式，那么或许所有的感知过程都应该至少被认为是一种新生的表现形式。或许对该观点的更好的证明是那些包含运动中身体的艺术形式，比如通过“接触即兴”（contact improvisation）过程发展而来的现代舞蹈作品。在这种舞蹈当中，一个舞者的动作会根据另外一个舞者的动作而作出反应，即使在任何时候都不能够准确地说清楚到底谁在跟随着谁。在这种情况下，一个舞者对另一个舞者的感知是通过表演的行为活动而产生的，因此，由他们所具有的感知所创造的是一种可见的表现形式。

在他看来，艺术家将创作一幅画的过程作为看世界的一种方式，或者换句话说，艺术家是通过创作一幅画的**行为活动**来体验世界的。

正如我们在第2章中所看到的那样，根据运动认知的原则，我们在特定情况下所能认知到的内容只有我们所能够对其作出反应的内容。换句话说，在某种环境下“显现在”我们面前的，仅会是我们具有相应身体技能以使得我们能够“应对”的事物。因此，正如我们已经看到的，我们对空间可供性的最初反应，是为了唤起演出时需要我们参与其中的身体的一 89
系列动作。因此，如果我们的行为活动是在我们的感知中被预先设定好的，那么，我们甚至可以说，它们**就是**那些感知本身；也就是说，我们可以把感知定义为身体和环境之间所做出的、协调性的行为（Maturana Varela 1992：231-235）。这也是梅洛－庞蒂对传统经验主义感知观点那由来已久的批判的一部分，在这种传统观点中，身体只是一个“接收”装置，被动地接收着外来刺激的轰炸。正如我们所看到的，他的解释却涉及一个更为积极主动的过程，在该过程中，身体向世界延伸出去，并根据诱惑而做出不同的反应，从而以行为举止的形式去参与其中。就是这种感知过程中的行为方面，梅洛－庞蒂将之称为我们首次的表现行为（act of expression）。换句话说——不管我们是否出于有意——正如在我们的运动中所显示出来的那样，我们的行为举止也早已成为一种交流形式。这也是他在一篇关于艺术的关键论文中所描述的，此论文的标题是“间接语言和沉默之声”（*Indirect Language and the Voices of Silence*）（1960）：

艺术家在无限物质中追踪其蔓藤般妙曼花饰的动作①
不但放大而且也延长了那具有一定方向性的运动②或领会

① 此处特指画家绘画的动作。——译者注
② 指在绘画时画笔的定向性的笔触运动。——译者注

把握的动作[①]所创造出的、那看似简单的神迹。他在那指向性的姿势[②]中，身体支承着自身的身体图式（Schema），不但融进了世界当中，而且还在一定距离上拥有了世界，而并不是被世界所拥有……所有的感知，所有既定的行为活动，或简而言之，人类对身体的每一次使用，都已是原初的表现。[③]

（Merleau-Ponty 1964c：67）

因此，尽管绘画看起来可能仅仅是对一种体验的最终结果，但它也应该被看作一个持续过程的开始。正如哲学家唐纳德·兰德斯（Donald Landes）做出的有用描述，这就是所谓“自相矛盾的表现逻辑”（paradoxical logic of expression）

---

① 指通过画笔的动作作出对绘画对象的强调与把握。——译者注

② 指手持画笔指向画布的动作。——译者注

③ 这一段梅洛－庞蒂的原文在理解时候应参照2.1‘身体图式’一节中的内容。在这里‘图式’（schema）特指身体所包含在其自身内部的一种特性，但同时这种图式也多少包括世界的一部分。它事实上是个体与周围世界进行互动的一种‘机制’，一种处理事物的技巧和本领，是在不断地试错过程中慢慢获得的，比如说学习演奏乐器，学习骑自行车，或是学习画画等等。因此，此处的‘图式’——或者说‘身体图式’——就像是身体融入世界的一种手段。一个很明显的例子就是盲人用手杖来探路，通过使用手杖这一身体动作，在不断的学习与试错过程中，慢慢把自己的身体融入到周围的世界中去，从而实现自由的活动。另外，老练的驾驶员会觉得自己的身体与汽车融为一体，也是说的这种现象。

在这些例子里，都会出现一种很典型的动作，那就是用或通过某种东西去远远的指向周围的世界，比如盲人的手杖，驾驶员的把握方向盘的胳膊，画家伸出去的画笔，钢琴演奏家伸出的手指，足球运动员踢球的脚，等等。这就形成了梅洛－庞蒂所说的‘指向性的姿势’（gesture of pointing），在梅洛－庞蒂看来，这种姿势就是‘在一定距离上拥有了世界’的一种现象，表明了一种身体与世界相互交缠在一起的特殊方式。比如在本段中，画家通过把画笔在一定距离上指向画布，来与世界融为一体，但同时通过‘画’这一动作，或画一笔，或点一点，有效地延长了这种动作，从而使得这种‘画画的姿势与过程’变成了其拥有世界的一种表现形式与记录形式。（该解释来自于译者对原书作者的采访）——译者注

的一个结果（Landes 2013a）。这也意味着，要成为一个艺
术家，包括行为举止都要有艺术家的样子，学会通过创作艺
术的行为活动去感知世界，而不是仅仅去学会如何作画。我
们或许也可以认为，建筑师的操作与此相类似，那就是通过再
设计世界的过程去感知世界。当然，作为一名建筑师，也包
括适应一种特定的生活方式，这包含一整套行为举止，也就 90
是皮埃尔·布迪厄所称之为社会和文化“资本”的集合。任何
在行业当中的建筑师的职业**习惯**中都包含一个关键因素，那
就是通过绘制图纸和绘制图纸的过程去体验世界的能力——
安迪·克拉克将这称为“支脚手架”（scaffolded）思想——
即去探索转变世界的新方法（Clark 2003：11）。

不管我们是否出于有意，正如在我们的运动中所显示出来的那样，我们的行为举止也早已成为一种交流形式。

5.2　体验的语言

如果我们通过这些特定的行为模式去体验世界——通过工具加强的行为举止——那么询问这些工具对体验自身的自然属性贡献了什么便似乎是合情合理的。正如我们已经在第 2 章已经看到的那样，在这些工具中处于首位的是我们自己的生物身体，凭借我们的身体，通过发展我们自身特殊的身体图式，我们学会了体验世界。我们或也可以将这些图式描述成为特定的身体行为方式，通过这种方式，对我们来说，“世界”便成为可以接近的，而这也和乌克斯库尔关于由身体和有机体的行为举止所构成的**周围世界**的概念是一致的。

我们也知道梅洛 - 庞蒂是如何解释感知和行为活动之间的固有联系的，即由身体运动产生感知时的感觉，就像感

知请求进一步的身体运动一样。通过把体验和表现联系到一起他继续提出，特定风格的运动或者习惯创造出了特定形式的体验。而他们是通过部分地唤起那些隐含在行为举止形式中的社会和文化记忆而达成的。这些记忆体现在我们周围那些人的运动当中，而他们反过来也会对我们正在进行的行为做出反应，所有这些，都是受到了我们对特定的社会境况的行为准则和惯例所做出的共同理解的影响。对此最好的解释便是语言的例子，梅洛－庞蒂自己在他的职业生涯中也多次回归到对语言的研究上。对他来说，语言可以作为为文
91 化习惯对我们感知所产生影响的范例，而这基于这样一个理念：将语言作为表述性行为举止的一种形式，是对其最好的理解。

如果我们回想一下进化论中的观点，语言始于一些无意识的身体的示意性姿势和动作，那么它和行为举止模式之间的联系就变得更加明确了（Corballis 2002）。而它的文化维度来自于我倾向于称之为语言的“缺失的和多余模型”，我希望这些模型也将能够体现交流创造性的一面。该模型表明，当我们试图用语言进行交流时，我们最终所讲的话要比我们所预期的同时要少却也多，因此也就同时产生出了一种缺失和多余的、且和我们所努力表达的想法息息相关的内容。对过去某一时刻稍纵即逝的印象或者对所展现出的体验做出的“本能反应”，永远不可能在现成的短语当中被全面地捕捉，而这些短语则是由作为预先存在的语言体系所提供的。但是，事实是我们不得不设法应付这种匿名语言，而这是由一种意想不到的好处来平衡的，而此好处则来自于语言是由其他人所创造的这一事实，这也赋予了语言一种丰富的集体历史。语言并不是一出现就是完备成形的，而是随着时间逐渐出现的，是人们不断尝试着使用语言的结果；这是基于先前

尝试捕捉稍纵即逝的想法所做出的努力，因为这些想法会持续不断地涌现升腾并且很快地消失不见。这也意味着，语言承载了比当前使用者所能预料到的、更多的信息，就像聆听者在脑中会根据他们自身先前已有的个人体验而去产生观点一样。有时会提到的所谓的语言箱的概念，指的是语言的“容器”不可避免地会随之带来另外一些层次的含义，即存在于听众脑海中的那些超出最初意图的含义。这就导致了一些多余的表述，却也使得聆听者和讲话者同时受益，因为，正如梅洛 - 庞蒂所指出的，“我所说的话使我自己感动惊讶，并且教会我我自己的想法”(Merleau-Ponty 1964c：88)。

当我们试图用语言进行交流时，我们最终所讲的话要比我们 92
所预期的同时要少却也多，因此同时产生出了一种缺失和一种多余的、和我们所努力表达的想法息息相关的内容。

梅洛 - 庞蒂在此处指出了一些违背了我们对语言的常规设想的内容：普遍为人接受的概念是，在我们试图用语言进行交流之前，思想必须完整地在脑海中形成。事实上，他指出，这仅仅是故事中很小的一部分，因为语言本身也能够为我们的大脑带来思想。换言之，思想是通过讲话这一行为而得到**实现**的，而不是简单地由讲话这一行为表达出来。一定程度上讲，为了更为准确地表现思想本身，思想可以“寻求”由语言将其表达出来，正如他在他后期写作的一篇重要文章《论语言的现象学》(*On the Phenomenology of Language*) 的其中一个段落中指出的：

具有意义的意图能够赋予它本身一个身体并且能够了解它自身，这是通过寻求可用的、具有重要含义的体

> 系当中的一种等价物来实现的，这些重要含义是由我所讲的语言、整套写作和我所继承到的文化所表现出来的。对不能用语言表达的需求，以及具有重要意义的意图来说，重点则是实现已经表示出的工具或者已经讲出的重要含义（形态的、依照句法的、词典工具、文学体裁……等。）的一种特定排序，而对听众而言，这些则唤起了一种新的，且是不同含义的预感，而这些预感（对讲话者或者作者来说）则会反转地设法把它们这些新的重要含义和已经存在的含义固定在一起。
>
> （Merleau-Ponty 1964c：90）

因此，尽管世界的丰富性不可避免地超出了语言表达能
力所把控的世界，但是语言同时也可以作为一套能够不断创
93 造世界的工具。正如工具和建筑物为不同种的行为举止提供
了可供性一样，语言也因此为特殊的人类行为活动提供了我
们称之为“理性思维”的可供性：

> 因此，通过放弃他的一部分自然性，通过稳定的器官和预先设立的回路而与世界产生互动，原则上讲，在其周围环境当中，且允许他们看到，人类便能获得使他们从他们周围环境中解脱的自由的精神和实体空间，进而，也能使他们能看到这空间。
>
> （Merleau-Ponty 2012：89）

梅洛－庞蒂在此处试图描述的是出现在语言和体验之间的缺口。正如在格雷厄姆·哈曼（Graham Harman）对体验“如同－结构”的讨论中所看到那样，当我努力去“掌控”一件

物体并去描述它的时候——随即去和其他人对此进行交流之时——我将会或多或少地把该物体看作为我之前遇到过的事物。换句话说，我事实上会滑稽地认为它类属于相关事物的某种普遍分类。尽管在对物体所有的特殊性和丰富性进行描述时，我可能会丢失它的一些独特性，但是在这个从个体向普遍置换的过程中，也总会获得一些事物。通过把某个物体命名为或者标记为一种特定类型的物体，我便能够较为容易地向其他拥有相同流通语言的人们描述它。我现在甚至可以仅仅因为我设想它必须和相同分类的其他物体共享某些特点，就开始臆断一些它可能并不真正具有的特点。当然，这只是其中一个可以用来进行哲学论证的基本原则，正如我们先前所看到的，和逻辑范畴相关的容器的隐喻。社会学家约翰·奥尼尔（John O'Neill）是梅洛－庞蒂著作的早期翻译家和评论家之一，他认为这是将哲学反思和科学二者作为一个整体而遗存下来的固有问题之一。例如，在根据一般概念范畴而去努力分析某个事件的过程中，两个学科实际上都"摆脱掉了"体验的独特性，并赞成体验具有可重复性和可传达性的成分（O'Neil 1989：90）。这一观察结果也回应了梅洛－庞蒂的博物馆再一次地通过把单独的表现归入到艺术历史运动的一般标准当中而"扼杀了绘画的激情"的观点。

尽管世界的丰富性不可避免地超出了语言表达能力所把控的 94
世界，但是语言同时也可以作为一套能够不断地创造世界的工具。

除了这些语言的好处和问题之间的明显的权衡之外，对梅洛－庞蒂来说，更为重要的是要理解语言本身是如何设法去克服其自身局限性的。他通过被他所称为"革创之语"和"规守之言”（“speaking” and “spoken” speech）[①] 的用语加以区别的方式而做到了这一点，他首次在《知觉现象学》一书中提到了这些术语，但却是在他后期的文章当中，才对此给予了更具体地发展（Merleau-Ponty 1964c: 44f; 2012: 202f）。“规守之言”指的是在日常对话中经常使用的常规语言，包括那些我们用来传达真实信息的经过高度编码化的功能性用语。另外一方面，“革创之语”（speaking speech）则描述的是一种模糊形式的文学语言；这是一种具有诗意的表达，能够对传统上的边界予以拓展并且能够测试所能被表达的内容的极限。这往往是通过能指（signifer）和所指（signified）关联当中所存在的刻意模糊而实现的，就像诗人使用隐喻和寓意作为展现多种可能含义的技巧一样。“革创之语”也可以通过单独的讲话者所使用的“规守之言”的方式出现，在这种情况下，讲话者特定的语音语调变化或许可以呈现出一种全新层次的含义：

> 规守之言的词语（我说的词语或者我听到的词语）孕育着一种可以在语言表达姿势的纹理中被解读出来（在这一点上诸如犹豫、声音的改变，或者选择某种句法，均足以改变含义）的含义，然而这个含义却从未被包含在

① Spoken 与 Speaking 是英语“说”（speak）的过去分词形式和现代分词形式，在语法中分别表被动态和主动态。在西方拉丁语系哲学中，这种借用动词两种分词形式来表达二分化的成对概念的现象比较常见，在表音的拉丁语系中，这种设定对仗整齐，寓意深厚。在这一组概念中，梅洛 - 庞蒂用被动态（Spoken）来表示业已形成习惯的，被大家所广泛接受的，被人们不断使用复述的语言，而用主动态（Speaking）来表示正在被发展的，具有文学色彩的，充满活力的新创语言。在汉语中，由于汉字表意，因此无法在语法层面上对这种成对的概念作出相应的精准翻译。因此在本文中，译者采用意译，抽取其含义进行尽可能对仗的翻译。对于“Spoken”，择其恪守陈规之意，试译作“规守之言”；对于“Speaking”，择其革新创造之意，试译作“革创之语”。——译者注

> 姿势当中，每一种表达总是以一种痕迹的方式呈现在我的面前……而每一次当我尝试去抓住那些藏在规守之言的词语当中的一些想法时，却只发现遗留于指尖上的一点点余音。
>
> （Merleau-Ponty 1964c：89）

可以说，“革创之语”的模糊性也是使得语言作为一个体 95
系可以不断地发展的前提，因为它为新的表现形式的出现和标准语汇的演变以及扩展提供了一种机制。为了解释这一点，梅洛－庞蒂借用了安德烈·马尔罗（André Malraux）[①]的一个短语，并声称，那些与在表述性语言中常常遇到的常规用法不符的语言会起到积极和富有成效的作用：“正是这一可用含义的‘连贯变形’的过程，赋予了语言一种新的意义，而这整个决定性的**步骤**中，不但需要听众同时也需要**表述的主体**”（Merleau-Ponty 1964c：91）。

因此，人们或许将诗歌当中所使用词语的方式，作为一种将语言的“表面进行丰富”的过程去描述，而在某种意义上讲——正如一栋建构清晰的建筑一样——它把人们的注意力吸引到自身的“材料性”上，而不是任何明显的语义参考当中。这也是一个有益的，对所谓的后现代主义建筑“语言”局限性的提醒，而在专注于简单化的比喻性参考当中，该提醒也倾向性地成为了陈腔滥调。相反地，通过反对把符号简单地转换成为已定型的含义，一种关于正式表达的、更为抽象和更为模糊的方法为我们提供了能够保留住表达新含义的潜力的一种方式——当然，这个好处还能够减少因被定义为没有意义而被忽略的风险：

---

① 安德烈·马尔罗是法国小说家、艺术理论家，曾经担任法国信息部部长和文化事务部部长。——译者注

因为他回归到了文化和观点的交流被建立起来的静默与孤独体验的本源，同时也是为了去了解这种本源，艺术家开始了他的艺术创作，就像一个人开始学会说出第一个词一样，他并不知道说这个词和随便的一声喊叫有什么区别，他也并不了解，他所说出的这一个词，是否能够将它自身从一种“引起并给与这个词独立的存在和可识别的意义的个体生命的流动”中剥离出来。

（Merleau-Ponty 1964b：19）

这表明成功的交流既包含复制也包含重新发明，正如我们在上述内容中所看到的一样，梅洛－庞蒂认为即使是全新的表达，也必须植根于那些早已经存在的表达之中。这似乎也与他所描述的革创之语和规守之言之间的差别有一些微小的矛盾，因为在革创之语和规守之言之间无法画出明确的界限。

96 人们或许将诗歌当中所使用词语的方式，作为一种将语言的“表面进行丰富”的过程去描述，而在某种意义上讲——正如一栋建构清晰的建筑一样——它把人们的注意力吸引到自身的“材料性”上。

5.3 自然性和重复性之间

另外一种理解这种新出现语言形式的方式是再次审视诸如社会习俗和习惯等行为举止的实践活动。像语言一样，它们也具有至关重要的双重功能，既是探索工具也是表达形式。和先前已经存在的语言模式的内在局限性一样，从先前体验中所获得的身体日常惯例，对每一个新的情境来说，永远都具有不足。但是该社会均等性也具有两面性：无论我们如何紧密地遵从某种特定环境的行为规范，我们真正的身体表现仍会不可避免地会达不到目标。换句话说，由于我们自身切实的具身体现所固有的惰性和不可预测性，即使是非常熟练的习惯性行为活动也永远不可能完美地再现。正如梅洛－庞蒂在他对表达性言语的分析中所指出的，行为举止物质性的具身体现所具有的这种“厚度”或者模糊性，看起来再次对个体的批判性力量予以了支持。盖尔·韦斯（Gail Weiss）近期关于梅洛－庞蒂对习惯的理解的分析指出“即使是最具有累积性的行为模式，仍然存在着模棱两可和不确定性，这保证了对旧有习惯的重复永远不会是完全相同的复制”（Weiss 2008b：96）。

这一观察对任何个体行为活动当中所涉及到意图和实现之间的重要差距进行了强调；即看起来被要求的行为举止和真正表现出来的行为举止之间存在着不可避免的偏差要素。该差距处于我们称之为的“社会再生产”过程（即文化习惯传承的过程，同时，不可避免地被予以改进）的核心，此社会再生产似乎是皮埃尔·布迪厄在后来关于**习惯**所做出的描述当 97
中的一个盲点（Bourdieu 1977；1990）。对梅洛－庞蒂来说，恰恰是我们自己的具身体现为我们提供了创造性的适应能力以及应变能力的保证，也正如盖尔·韦斯再次有效地指出的那样：“与将转型和累积看作成为那互为威胁的、开放与保守的、相互排斥的二元性不同，梅洛－庞蒂把创新定位为累积的核心，他那关于这是如何出现的主要实例是通过语言来实现的”（Weiss 2008b：96）。换句话说，正是我们关于再现习惯性的行为举止所作出的努力所存在的不足，为新模式的出现留出了空间。随着行为的变化要求我们周围的事物作出新的反应——而那些最有效的反应便开始出现重复，并也因此在传承过程中被予以保留——这些可利用行为活动的标准逐渐增多并演变。因此，通过努力接受和再现已经存在的惯例，而在这样做的同时，总是不可避免地，总是不完美地，我们——就像过度热心的演员——会有效地重写我们将要表演的剧本。

因此，梅洛－庞蒂对获得和执行行为日常的描述，在一定程度上表明了一种违反直觉的结论：创新在这些过程当中不仅仅是可能;而由于我们的具身体现，它实际上是不可避免的。而这种洞见——就像梅洛－庞蒂一样，无论是在我们审视艺术、文学、哲学，或者甚至是建筑的时候——对理解所有具身行为活动所体现出来的，固有的创造性和临界状态都是至关重要的。关键的是，所有这些行为活动均包含一定程度的随机性创作，因为在这种过程中我们会不可避免地产生错误，即使在重复过程中付出最真诚的努力，错误依旧会不可避免地产生。这些在行为举止“DNA”中的“错误复制”或突变，将会产生新的意义，而如果这些意义被证明是有用的，那么它们就可以被保留下来。换句话说，在文化形式范畴当中也存在一个版本的“达尔文自然选择学说”，即文化形式会保留有益的突变，比如，受欢迎的新词，诸如“发送短信息”（texting）和“网络灌水”（trolling），就已经被添加到官方语库中了。

创新在这些过程当中不仅仅是可能；而由于我们的具身体现，它实际上是不可避免的。

98 ## 5.4　向类型回归

从建筑的角度来看，这一原则含有许多重要的推论，尤其是在设计过程当中。例如，我们可以把新形式所产生的方式作为自然性和重复性之间的相互影响。在设计的早期阶段尤其如此，在此阶段，我们一般都仍然还不能准确地确定我们正在设计**什么**。理解这一阶段过程的一种方法是根据建筑物“类型”去思考，这可能是我们对其有意识或者是无意识的应用。这些可能是特定功能形式的历史模型或者先例，也可能来自于我们自己以前设计解决办法的个人“档案”。把对历史类型的使用作为设计理念源泉的作法，是在 18 世纪末最早形成的，最初是出现在法国建筑师卡特勒梅尔·德·昆西（Quatremére de Quincy）[①]的文章中（Lavin 1992）。他还根据个体建筑师在重新诠释历史先例方面的灵活程度，对类型和模型进行了重要的区分。原则上，使用模型的设计方法通常是会去避免的，因为这涉及到设法复制历史形式的精确细节。另一方面，类型学包含的仅仅是一些先前的模型以之为基础的潜在的规则或者原则。这些规则足够宽松并且具有普遍性，从而使得历史模型能够应用并适合于新环境。通过遵循在前一节中所建立的、“意义”的“内在变形”原则，新形式会保持一定程度的历史连续性，同时也能够满足其新功能或者背景要求。

作为一种设计方法，类型学在 20 世纪 60 年代经历了一次复兴，属于战后对现代主义评论和重新评估的一部分，一定程度上也是受到了影响不断扩大的建筑现象学的鼓舞。这尤其是在那些提倡复兴历史风格的后现代主义建筑师的作品当中尤为显著（Rowe and Koetter 1978; Rossi 1982），尽管一些重要的工作是在城市理论领域完成的，比如阿尔多·罗西（Aldo Rossi）[②]和柯林·罗（Colin Rowe）[③]的著作。

---

① 卡特勒梅尔·德·昆西（Quatremére de Quincy）是类型学的鼻祖。——译者注

② 阿尔多·罗西（Aldo Rossi）把类型学应用于建筑学，著有《城市建筑》等知名著作。——译者注

③ 柯林·罗（Colin Rowe）是著名的城市历史学家、建筑评论家和理论家，著有《拼贴城市》等知名著作。——译者注

他们二人都把城市理念看作为将旧建筑适应新用途的碎片拼贴，并且在罗西看来，这一理念，作为对历史类型的重新诠释，延伸到了他所设计的新的建筑物当中。这种方法也是后来被称
99 为批判地域主义（Critical Regionalism）的核心，该方法基于更为具体的地方性或者区域性资源，而对历史类型被予以批判性地重新诠释（Frampton 1983; Lefaivre and Tzonis 2003）。在弗兰姆普敦的版本中，类型学的概念被扩展至包括地方材料和工艺传统，这在一定程度上是基于 19 世纪德国建筑师戈特弗里德·散帕尔（Gottfried Semper）于 1851 年出版的、他称之为《建筑四要素》（*The Four Elements of Architecture*）的著作发展而来的（Semper 1989）。在散帕尔看来，这些要素既不是正式的也不是功能性的类型，而是建构的过程；他认为四个工艺是建筑最终的起源：砖石、陶瓷、木工和编织。

我将在本章结束时再讨论弗兰姆普敦关于“建构的政治”的观点，但是现在值得一提的是另外一个也具有建构维度的“内在变形”的例子。即是被称为**修补术**（bricolage）的创意实践[1]，这一实践内容涉及将旧形式以新用途进行再利用。比如当废弃的建筑物被拆除时，历史建筑的破碎部分可以被回收，而后这些最有价值的要素都可以被重新利用到其他地方。一个好的例子就是中世纪时所盛行的**斯波利亚**再（spolia）利用，这指的是将从罗马神庙废墟中找出有用的石质构件进行的重新利用的实践（Hansen 2003）。在当今时代，**修补术**作为对资源的普遍紧缺所作出的一种反应再次出现，是一种避免昂贵的、特制建筑组件生产过程的方式。因此，建筑中的

① 修补术是人类学的一个概念，法国人类学家克洛德·列维－施特劳斯从修补术的概念出发，阐述了修补匠与工程师的关系。修补术指修修补补的方法，通过修补，使旧形式具有了新用途（参见李砚祖，2006）。——译者注

修补术涉及使用一些更为便宜的现成组件，这些组件往往是为特定目的而设计的，但同时也能够应付其他用途。众所周知，正是梅洛庞蒂伟大的朋友克洛德·列维－施特劳斯（Claude Lévi-Strauss），把此种实践转变成为一种隐喻，用它去解释神话是如何从早期的叙事合集当中被创造出来的（Lévi-Strauss 1966）。这方面的有趣的建筑实例包括美国迈考比·考克（Mockbee Coker）建筑师事务所的作品，以及一些年轻的设计师们，如泰迪·克鲁兹（Teddy Cruz）以及其他在“空间力量”网站（Spatial Agency）数据库中有特色的建筑师们（Ryker 1995; Awan et al. 2011）。

5.5 材料办法 100

正如我们已经看到的，梅洛－庞蒂对新语言的创造方式尤其感兴趣。他将这作为媒介本身材料性的一个结果，而这也同时引领他到达了许多结构主义和后结构主义思想家们所熟悉的位置。在该包含了语言符号之间关系重要性的小节中，他使用了术语“经验性语言”（empirical language）意指他后来称之为“规守”之言的概念：

> 但是，如果词语的字里行间和其本身所表达出来的语言是相同的，那会怎么样呢？这样的话，是不是词语就没有“说出来”它所“说出来的”东西呢？而且，如果在经验性语言中隐藏着一种二阶语言（second order language），而在这种语言中，符号再次引领着模糊的五彩生活，且意义从未完全从符号的交流中解放出来，那会怎么样呢？
>
> （Merleau-ponty 1964c：45）

正是从费迪南德·德·索绪尔（Ferdinand de Saussure）开始，接受了语言是作为一种“具有差异性的体系”（system of differences）在运作的观点，在该体系中，含义就像取决于它们和物体之间的关系一样在很大程度上取决于语言符号之间的关系。尽管后期的一些思想家们持续拒绝承认语言和现实之间具有任何有意义的联系——就像雅克·德里达那臭名昭著的观点所暗示的，“文字之外什么都没有”一样——与之相反，至少是作为语言追求的目标，梅洛-庞蒂也想保留这一联系。他认为这是伸出双手去掌控世界的一种尝试，并将世界理解为语言所投影出的固有内容，同时也承认语言所试图描述的内容永远也无法对世界进行完全“详尽地描述”。而介于世上没有完美的语言，所以含义也总是不确定的；人们或许可以说，通过德里达所称之为“延异”（deferral）的一个持续过程，这种不确定性可以被暂时搁置下来。但是关于这些内在局限性的自然属性，仍然处于一个进退两难的窘境，对此，梅洛-庞蒂通过提出一个有用的但是有些调皮的问题来表明自己的观点：“既然如此，我们为什么不能有条不紊地为世界创造出完美的形象，达成一种经过所有个人艺术净化而得到的普适艺术（universal art），就像普适语言（universal language）把我们所有人都从隐藏在现有语言当中的混乱关系里解放出来一样呢？”（Merleau-Ponty 1964a：172）。

101 正是从费迪南德·德·索绪尔（Ferdinand de Saussure）开始，接受了语言是作为一种“具有差异性的体系”（system of differences）在运作的观点，在该体系中，含义就像取决于它们和物体之间的关系一样在很大程度上取决于语言符号之间的关系。

因此，语言并不能够给予我们物的“真正”含义，而是能够赋予我们一种方式，而通过这种方式，世界可以**因为我们**而变得有意义。就像感知一样，当我们把感知理解为伸出手去接触世界，并与世界产生互动的方法之时，语言则为我们提供了一种体验和表达世界的媒介。因此，隐藏在任何语言中的空白和“混乱关系”，都为含义本身的出现预留出了空间，并提醒我们所有语言在原则上，都是基于隐喻而建立的：

> 不言而喻的是，语言即是拐弯抹角的，也是具有自主权的，其直接能“指出”一个想法或者一个物体的能力，仅仅是语言内在生命中衍生出来的第二级能量。就像织布工一样，作家在写作的时候也是在其材料素材错误的一面上工作[①]。他只能在语言上下功夫，而也是由此，他突然发现自己被含义所包围了。
>
> （Merleau-Ponty 1964c：44f）

梅洛-庞蒂也对绘画进行了研究，以帮助他去理解这一“出现”的过程；而他先前将此称之为“一个还未被创造出来的世界中的理性萌芽”的过程（Merleau-Ponty 2012：57）。在《知觉现象学》的末尾，他介绍了语言和绘画之间的关系，强调了两种语言形式（speech）之间的区别，我们在他后期的文章中看到他对这两种形式进行了发展与延伸：

> 对画家或演讲者来说，绘画和言语并不是一个已经
> 完备的想法的影像，而是对最初想法的挪移与合理化的 102

① 纺织者为了纺绣出布匹正面的花样，需要在布匹的背面进行钩针绣制，也就是说虽然纺织者花了很大工夫，但是使用者最终却看不到那一面。作者此处使用纺织者的例子来对比作家，意在表明作家意味深长的文字斟酌，就像纺花一样，仅仅存在于自身脑海中，而读者往往看不到那些层面的意义。（该解释来自于译者对原书作者的采访）——译者注

过程。这也就是为什么我们会被引领着去区分第二阶言语和本初言语，第二阶言语是传达已有想法的，而本初言语首先为我们将该想法带入到我们的存在当中，就像它对其他人所做的一样。

（Merleau-Ponty 2012：409）

在这个模型上，绘画和写作均可以被看作为是用于探索发现的创造性工具（Merleau-Ponty 1970；13），这就像是一张渔网浸入到“意识流”（stream of consciousness）当中，在它溜走之前去捕捉一个稍纵即逝的半成型的想法。研究语言发展的学者们也把这一过程比作为在湿地中生长的红树林，通过其盘根错节的根系逐渐把陆地来沙裹住，从而制造出了相对稳定的陆地块（Clark 2003：80-82）。如果词汇同样地能够提供稳定的、并可以在其上建立起更为复杂的思维结构的“小岛”，那么这也或许可以有助于解释绘画和素描如何能够支持艺术家的思考过程。

梅洛－庞蒂所引用的例子中的一个来源于亨利·马蒂斯（Henri Matisse）[①]，基于处于创作中的艺术家的一部电影的著作，当中艺术家的艺术创作过程揭示了“通过绘画进行思考”的过程：

一架摄像机曾经以慢镜头的形式记录了马蒂斯的作品创作过程。着实是令人印象深刻……我们的肉眼所看到的相同的画笔，从一个行为活动跳跃到另外一个当中，在一段漫长而庄严的时间里可以说是运筹帷幄……努力尝试着十种动作，在画布前起舞，轻轻地抹上几笔，最后就像是一道闪电一样，戛然而止在一条不可缺少的线条之上。

（Merleau-Ponty 1964c：45）

① 亨利·马蒂斯（Henri Matisse）是法国艺术家，以其流畅和原创的色彩绘画形式而闻名，是现代艺术的领军人物之一。——译者注

马蒂斯在画板前面有明显的犹豫不决包括了对要画哪条线的选择，并同时也意味着要去拒绝哪些备选的线条。而在最终的绘画作品中，它们都会跃然纸上，这一事实使得艺术家和最终的观众们都可以重新追踪这一思考过程，而这也是再一次地对进化论中对自然选择的一种呼应，而显然这种突变是有益的。这也解释了为什么有时建筑师速写簿的展览比 103
真正的建筑物本身要更具有吸引力：在设计发展的旅程中可以看到这些不同的“未被选择的路径”，这往往能够更好地洞察创意过程的本质所在。和 CAD 绘图软件画出来的生硬线条相比，手绘草图的一个好处就是这种具备保留先前废弃线痕迹的能力。这使得设计师在绘制草图的不同部分时可以对多种选择进行比较，在决定哪些确定要画出来并进一步发展之前，能够真正地“在线条之间”留出可以思考的空间。

这也突显出了在设计过程的早期阶段中所出现的一个两难境地，即设计师常常难以知道应该从哪里开始。例如，许多学生课题是从观察练习开始的，包括绘制场所现状的图纸。通过绘制场地图——而不是仅仅对场地进行拍照——他们可以开始做出一系列的初步判断。在决定哪些方面对记录来说是最有帮助的之后，就可以暂时忽略其他详细信息。就是在这里，图像和现实之间所产生的差距为设计师发挥想象力创造出了空间。因此，把“世界绘制成它原本样子”的行为活动似乎打开了世界的变化之门；换句话说，去“松开现实的接点”，并同时允许事物得以去重新配置。或者说，通过对一个我们所熟悉的绘图软件类比，绘制真的图纸使得世界被“解锁且得以被编辑”。

把“世界绘制成它原本样子”的行为活动似乎打开了世界的变化之门；换句话说，去“松开现实的接点”，并同时允许事物得以去重新配置。

当在绘制图纸的过程中打开了一个充满可能性的空间之后，接下来的问题便是我们如何推进到下一个阶段：我们如何能开始拟定出一个新的，仅仅在想象中还只是一个半成品的理念？在某一个层面上，似乎当我们被驱使着去尝试并设想一个新出现的理念，只是为了查明它可能的样子。而接下来
104 在绘画的行为活动中，一些事情发生了，就像梅洛－庞蒂说的那样，这些事情带领我们走过“决定性的一步”。通常是在没有意识的情况下，这些最初尝试性的绘图都是基于我们自己的个人词汇：即根据我们所熟悉的某些事情，用所有可用的图示意义来使我们归纳出一个新理念。换句话说，我们似乎——至少暂时——对一个仍然模糊的概念进行了归类，并把它当做我们之前已经画过的一些类似的“事物”，以能够探索它的可能性。接下来，一旦将其画出来后，我们便可以退一步对它进行审视，同时允许图像“教会我们去思考”，正如梅洛－庞蒂口中的语言一样。或许我们能找到一种方式使它“前后一致地进行变形”并使其更像或者更不像原来的“模型”。这一过程一定程度上解释了那些包含着许多历史建筑范例的书籍的持久流行性。我尤其想到了那些按照形式和空间类型进行组织的作品，比如弗朗西斯·程（Francis Ching）[①]的《建筑：形式、空间和秩序》（*Architecture: Form, Space and Order*）（Ching 1996）。

在建筑学方面，和没有绘图过程相比，绘图过程使得我们能以一种更为彻底的方式去重新想象世界。可能有人会认为，这是由建筑师的职业角色而产生的历史性变化所带来的好处之一。通过把设计从实际动手的建造过程中分离出来，绘图占

① 弗朗西斯·程（Francis Ching）为美国注册建筑师，西雅图华盛顿大学建筑系名誉教授，著有多部阐释建筑与设计基础知识的书，如：《世界建筑史》、《图解建筑词典》、《建筑绘图》等。——译者注

据了非常显赫的地位。但除此之外，绘图不仅是建筑师独特能力的象征，它也为创新性设计提供了新的可能性。想象一下，如果你想在没有绘图的情况下尝试着去创造一个建筑物，那么你所面临的情况就和前现代乡土建筑传统差不多了。在这种情况下，设计师和建造师通常是一个人，设计往往或多或少地会直接基于先前的建筑物。这恰恰解释了许多历史聚落展现出的一致性，在这些古城镇里，相似的建造形式通常在数百年的时间里不断重复。当之前的建造“原型”(prototype)只是通过建造师的“工作记忆”得以加强的时候，通常只可能进行较小的设计变化，接下来也往往只是体现在建造的细节层面，而这要归功于每个工匠技术性的即兴创作。相比之下，建筑绘图提供了一种安全的方法来对新的解决办法进行模拟和测试，在无须进行全尺寸建造的情况下，为创新和试验提供了一个可实践的领域。

在绘图过程中可以出现创新的重要方法之一，是通过我
们所选技巧中那经常是始料不及的效果实现的。这也是材料 105
性使设计师感到吃惊的地方，就像梅洛 - 庞蒂会对他自己的话感到吃惊一样。如果我们把绘图想象成为一个创建出来是用于验证一个假说的科学仪器，最终得出的结果往往是非常有用的，即使这个结果并不是研究者最初想要得到的。最近，布鲁诺·拉图尔(Bruno Latour)[①] 将之称为“对行为活动的惊奇”(surprise of action)，并为了对此作出解释而使用了一个建筑类比，他描述道，即使科学家似乎是为了建构“事实”，但他们也永远不能够完全地控制他们实验的媒介物：

① 布鲁诺·拉图尔（Bruno Latour）是法国哲学家、人类学家和社会学家。——译者注

> 科学家们制造事实，但无论何时当我们制造出我们无法掌控的事物时，我们都会略微被行为活动所超越：每一位建造师都对此熟知。因此建构主义的悖论在于，它所使用的专业词汇，并非建筑师、泥瓦匠、城市规划师，或者木匠所用……我从来没有行动过，我总是对我的所作所为感到有一些惊奇。那些通过我而行动的，也对我的所作所为，对突变的机会、对变化的机会、对产生分歧的机会，以及对我和我的周围环境提供给被邀请者的机会都会感到惊奇。
>
> （Latour 1999：281）

在绘图中出现的对设计师行为活动的"惊奇"，往往也是设备介入的结果。例如，建筑理论家马可·弗拉斯卡里（Marco Frascari）[1]对传统绘画工具的作用进行了详细的描述。他将用一副圆规进行绘图的过程比作为占卜的宗教实践，并将其比作为设计师在真实领域和可能领域之间建立某种联系的方式（Frascari 2011：33，117-127）。在另外一篇文章里，弗拉斯卡里还对在设计过程的不同阶段中使用的不同类型纸张的效果进行了描述，这里面还包括一个学生练习，在此练习中，整个项目是在一块白漆木板上进行设计与展示的（Frascari et al. 2007：23-33）。近来有一个很好的、关于绘图手段对设计最终成果影响的例子，出现在彼得·卒姆托瓦尔斯温泉的设计草图当中。通过使用一根粉彩棒的侧面，他创作出了后来他称之为的"体块草图"（block drawing）的
106 画法，而从此，室内空间氛围的关键理念开始涌现出来。这

① 马可·弗拉斯卡里（Marco Frascari）是意大利建筑师、建筑理论家。——译者注

些早期草图中的彩色“板块”（slab）变成了自由站立石块的大胆组合，日光向下被过滤并渗入，而照亮了这些石块之间的空隙（Mindrup 2015：61-64）。

其他的设计策略也具有它们自身的材料性形式，比如彼得·艾森曼（Peter Eisenman）把对基本几何类型的使用作为探索的起始点。通过使简单的“柏拉图”（Platonic）形式去经历一步一步变形的过程，那么这些通用的形状就能够产生意想不到的效果。这一局限与机遇的相同组合在数码领域中也是显而易见的，在数码领域中，由不同软件包所提供的特殊可供性也能够对成果产生戏剧性的效果。犀牛（Rhino）建模和草图大师（SketchUp）建模完全不同并很容易辨别，因为这两种应用处理复杂双曲面的能力非常不同。

这一局限与机遇的相同组合在数码领域中也是显而易见的，在数码领域中，由不同软件包所提供的特殊可供性也能够对成果产生戏剧性的效果。

所有这些案例所强调的都是重要的潜在可能性，对于具体的材料性过程来说，这些潜在可能性有助于产生新颖的解决办法。通过摆脱强加的、自上而下的知识框架的限制，一定程度上这是可以做到的。许多建筑师不是采用现成的解决办法或者预想的模型，而是通过遵循人类学家提姆·英戈尔德（Tim Ingold）所称之为“飞行线”（lines of flight）的，由他们所选择的材料而呈现出来的“自下而上”的方式来进行工作（Ingold 2013：102）。无论这些材料是物质的（即构造的）、类型学的、几何学的或者甚至是概念性的，核心观点是所有这些不同的表现“媒介”都有它们自己特殊的倾向性。通过抵制它们的各种阻力，新的“占用形式的可能性”

（possibilities of occupiable form）就产生了（Eisenman
107 et al.1987：169）。这个过程可以发生在建模工作坊里，就像弗兰克·盖里（Frank Gehry）这样的建筑师所做的那样，直接用实体的初步设计模型来进行工作，或者和独立建筑工（self-builder）以及善于利用一切手头资源的**随手匠人**（bricoleurs）在现场直接利用回收利用的或再利用的建筑构件进行即兴发挥。这最后一点应当还提醒了我们，高技能建造师的具身知识具有内在的创造力；但这一点逐渐被“加大了设计与建造之间一种绝对分离的现代合约关系”所排除在外。从传统上来讲，建筑师所提供的建造信息只能传达设计基本外形的情况，而剩下的就要靠承建者借助自身的经验知识去“填补空白”。建造者通过他们在文脉要素方面的个人经验，来对项目作出创造性的贡献，比如气候、场地条件、和当地可用的材料等等。

在第 4 章中，我曾对这种切身的贡献做过描述，即建筑物表面携带建造过程痕迹的方式可以对此进行证明。我还认为，这或许是空间所具有的一个关键特征，它可以借此去邀请使用者去使用空间，而其结果就是它们成为了具有个性与特殊性的，有生命的空间。这一在建筑物内部对生命的积累与记录，在一定程度上能够颠覆建筑物中起主导作用的“意义”；也就是说，其对建筑物的官方通用定义提出了疑问，例如，“博物馆”、“学校”或者“办公室”。这一观点也呼应了罗兰·巴特著名的**刺点**（punctum）概念，他在 1980 年首次出版的摄影图像分析中，对此概念进行了发展。这一概念描述了在照片中经常被忽略或者被部分地隐藏的个性化细节的力量，但它却仍然保留着干扰显性内容，或者干扰整体图像的公认意义的力量（Barthes 2000：25-27）。

5.6 再利用与再诠释

梅洛 - 庞蒂关于语言材料性的观点中的另外一个和建筑相关联的领域，是去理解，那些已被改造以满足新功能的历史建筑物经久不衰的吸引力。我尤其想到了近期的、把工业建筑改造成为艺术博物馆的趋势，以及许多当代艺术家偏爱于在所谓的“发现空间”（found spaces）里展示他们的作品 108
的倾向。出现此情况的原因之一可能是由于时常会特定地出现在“适应性再利用”（adaptive reuse）中的视觉分离的存在，在此过程中，形式和功能的最初关系通常会被根本性地取代。伴随着新功能的植入，当先前使用的痕迹仍然明显的时候，这似乎是产生了一个具有更大潜力的创造性使用空间。另外还有一种更为直白的、通常和“废墟之乐”（pleasure of ruins）联系在一起打开方式，即当墙体或者地板被拆掉，并在先前彼此孤立的空间当中就创造出了新的风景时。弗雷德·斯科特（Fred Scott）在他的《论改造建筑》（*On Altering Architecture*）一书中，对于废弃建筑物通常所带给人们的兴奋感和超越感，进行了有用的描述：

> 对使用者来说，改造后的内部空间的新的运动流线可能就像是在一个废墟内部的旅行，所走的都是以前不可能的路线，因此使用者拥有了全新的、几乎是违反常规的视角。经过改造的建筑物对自身进行了解释；以这种方式，它成为了一座可供栖居的废墟……改造后的条件或许具有暴露开放的、过去的人们认为会仅限于图纸之上的性质，比如在剖面透视图中。
>
> （Scott 2008：171）

对于将绘图本身作为探索和发现的工具所具有的一种力

量的参考将我们带回到了梅洛－庞蒂在马蒂斯慢动作电影中所识别出的一种联系：那是一种令人犹豫不决的空间，存在于将要兴起的意义和为初显含义提供了潜在可能性的纸上线条之间。

许多当代艺术家偏爱于在所谓的“发现空间”里展示他们的作品。出现此情况的原因之一可能是由于时常会特定地出现在“适应性再利用”中的视觉分离的存在。

109 录像艺术家比尔·维奥拉（Bill Viola）所做的工作对此提供了相似的诠释，行为理论家卡丽·诺兰（Carrie Noland）在他的一本书中也运用了梅洛－庞蒂关于感知的研究（Noland 2009：66-72）。在一部从 2000 年开始拍摄的延时录像作品——《惊讶五重唱》（*The Quintet of the Astonished*）中，五个演员的面部表情表演出了害怕、愤怒、疼痛、悲伤和高兴五种经典的情感表达。通过高达每秒 384 帧的速度拍摄录像，而不是以常规的每秒 24 帧的速度，1 分钟的真人表演可以被延长至 16 分钟的观看时间。这样做的效果是使得先前不明显的动作突然变得极其清晰可见，从而模糊了一种情绪表达和另外一种情绪表达之间的常规界限差别。从观众的检验效果看，这将先前看不到的、动作之间的过渡呈现在大家面前，并提供了一系列仍然不明确的、从而能够被赋予新含义的新的表达。

正如我们所讨论过的所有例子一样，我们从中可以吸取的一个教训是，材料的具身物理特性恰是使我们无法对其完全掌控的原因，同时，这也保证了我们将会对它们所产生的内容持续不断地感到惊讶。同样地，也正是我们自己身体的材料性帮助我们去抵制来自政治力量的强人所难，这和许多评论家基于阅读福柯和布迪厄的后期著作而得出的结论相反。肯尼思·弗兰姆普敦（Kenneth Frampton）在他关于批判性地域主义（Critical Regionalism）的重要研究中也提出了类似的观点，当中他强调了材料性和身体体验在政治抵制过程当中的作用：

> 两种独立的抵制途径为它们自身反抗普遍的特大城市和视觉排他性提供了可能。在西方思想当中，他们预先假定了一种心/身分裂之间的调解。它们或许可以被看作为上古之力，并可以借此来抵御无根基文明的潜在普遍性。首先是对“场所-形式”（place-form）的触觉性抵御能力；第二是身体的感觉中枢。二者在此处被假定为互相依赖，因为它们具有连带关系。“场所-形式”仅靠视觉是无法企及的，就像把身体的触觉能力排除在外的拟像（simulacra）[即图像或者虚拟“模拟”]一样。
>
> （Frampton 1988）

针对近年来批判性地域主义过于简单化的趋势，也可以说 110
传统的地域建筑本身就具有内在的批判性，因为新观点是材料探索那自下而上过程的必然结果。我在此处思考一种本土传统往往基于所谓的“体验式学习”（experiential learning）的方式，在这种体验式学习中，设计和建造实践都是通过行为惯例得以传递下去（Lave and Wenger 1991: 34-37）。这种直接的“身体对身体”的学习过程，和当今流行的、建筑知识通常是在正式的学术环境中通过课本进行信息交流的概念模型形成了鲜明的对比，在概念模型中，这种概念形式中对知识的僵化就像是创新的绊脚石，它把实践和固定的原则捆绑到一起，而这些原则却又通常不能适应不断变化的要求。相比之下，在设计和建造实践中，人们通过材料具身体现的某种形式直接把技术传递出去，而这一过程内在的松散性和模糊性却能够充当发明创造的“引擎”。我认为，这种创新更能够对不断演变的社会需求作出更为积极的反应，同时，也很难被立法所限制，使其变成像书面条例和规章制度那样的强制执行手段。

正是我们自己身体的材料性帮助我们去抵制来自政治力量的强人所难，这和许多评论家基于阅读福柯和布迪厄的后期著作而得出的结论相反。

当如此多的全球文化似乎走向同质化时，弗兰姆普敦在其他地方也进行过类似试图去维护地方独特性和特殊性价值的描述。他通过强调所有建筑物都应该努力维护的三种联系来做到这一点——**触觉**、**建构**和**源于陆地**（tactile，tectonics，telluric）——所有这些都依赖于独特性的理念（Frampton 1983; Jameson 1994：189–205）。**源于陆地**（telluric）意指建筑物和场地“材料性”之间的一种联系，这可能同时包
111 括它的物理特征和历史特征。**建构**（tectonics）应该包含建筑物建造历史的某些内容，而**触觉**（tactile）则应该对使用者积极的身体性互动进行鼓励与接纳。

同样地，梅洛-庞蒂把具身体现看作抵制“高程”反应（high-altitude reflection）之普遍效应的一种手段：哲学思想倾向于“享受获得的乐趣”（bask in its acquisitions），因此放弃了和体验的联系（Merleau-Ponty 2012：409）。正如他所说的，“表达性语言”（expressive language）的本质就是不断地自我更新——或者至少总是在努力地更新它对世界那固有的，不稳定的领会：

每一次哲学或文学的表达都在努力完成一个誓约，旨在能够追寻那借助最早的语言形式而被认知的世界，这种语言就是当时最早出现的那些有限的符号系统……每一个表达行为都在实现这一目标的过程中实践着自己的部分，并通过拓展新的真理，进一步延长了那些刚刚过期的（语言）契约。完成这一任务的可能性，只有通过给予我们其他内容的；相同的“有意识越界”（intentional transgression）才能达到。并且就像真理现象一样，虽然仅从理论上讲绝无可能；却只能通过创造它的实践活动才能被认知。

（Merleau-Ponty 1964c：95f）

第6章

112 “具身体现之外别无他物”

我希望通过本书的讨论中可以证明，梅洛－庞蒂的观点在很多方面都会对建筑师会有帮助。通过重点关注具身体现的一些最基本的含义——换句话说，作为人类，具身的存在是我们无法逃避的事实——现在我们应该很清楚梅洛－庞蒂的哲学为什么能够提供如此多的内容。首先，他关于“肉身”（flesh）的概念表明，人类的身体和物质世界的其他部分共享着一些基本特征——所有那些活着的物，当然也包括那些没有生命的、正如约翰·杜威所提醒我们的、为我们所赖以生存的世界提供了“支持和生计维持”（support an sustenances）的物。因此，我们应该反思人类的生活和周围环境之间的这种基本的互相依赖性，并同时应该记住，为了未来世界，我们最终的责任是要保护周围环境。在我们总会与世界的物质条件面对面的伦理方面，在梅洛－庞蒂关于“可逆性”（reversibility）的概念当中也是显而易见的；那就是，正因为我们[作为身体存在（bodily being）]可以感知我们自己，这个世界才能够被我们感知。而这个被我们称之为身体的这“世界的一小部分”，当然也是一个物质实体，而我们能够“用身体进行感知”的事实也提醒我们，在一定程度上讲，所有的物质实体也“都能感知我们”。换句话说，所有的物——人和物体——这些我们会通过它们来进行每天的日常活动的实体，不管多么微小，它们都会被这种相遇而改变。这一过程也延伸到了场所当中，某种程度上讲，场所也能够把它们和使用者的相互影响记录在案，而那些使用者使用和占用场所而留下的痕迹就是时间流逝的证据。

梅洛－庞蒂的哲学中的可逆性的另外一个方面，是体验和表达之间的一种互惠概念。体验本身具有内在表现力的观点是基于这样一个事实，即感知是一个全身心投入的过程。就像我们能够在世界上随处移动恰恰是因为我们有能力去感知这个世界一样，我们能够有效地感知这个世界也恰恰是因为我 113
们能够在世界上随处移动。换句话说，我们的三维空间感是基于我们自身的三维具身体现的。除此之外，我们对世界的感觉在我们身体的举止行为当中，也不可避免地遭到了背叛，因为从一定程度上讲，我们移动自己的方式已经表达出了我们逐渐形成的信仰和态度。“作为一名建筑师”有许多形式，而其中一个最为突出的特点就是手绘的习惯，尽管这种方法只是兼具体验性和表现力的行为方式的一个例子。同样的，从观察中获取想法并将其收纳为个人设计语汇的一部分的这种通过简化的形式去获取和总结的行为活动也已经成为了发明过程的开端。因此，通过这非常特殊的“观察习惯”，我们能够学习“像建筑师一样去看世界”——即**通过**绘图去了解世界，就像梅洛－庞蒂跟塞尚（Cézanne）以及马蒂斯（Matisse）所描述的那样。

另一关于身体物质性和世界物质性之间互惠联系的重要方面就是构造感受（tectonic sensibility），这是建筑师通常基于他们对建造过程的体验而发展出来的。尽管对于每一个建筑学学生的教育来说，这并不是一个不可或缺的要素，但是许多建筑院校还是都会对动手建造的实践体验高度重视。此外，对材料性能发展共情，同时直观地把握材料的可能性和局限性也是非常重要的，而这是可以应用到建筑师在许多领域活动的可转化技能。它们也可以帮助理解建筑场地特征所能提供的潜力，或者甚至可以帮助理解如何在复杂的甲方社会生态下展开工作。

共情也涉及对梅洛－庞蒂所提到的物貌（physiognomy of things）敏感度的发展过程中；基于我们自己身体的肢体语言形式，能够赋予所有物体以情感维度。甚至比有时所提到的“身体图像”（body image）的代表性方面更为基本的，是在梅洛－庞蒂详细探讨过的“身体图式”（body scheme）
114 中所起到的功能性作用。我们通过不断积累更多的身体技能去学习感知世界的这一观点表明，感知在一定程度上是基于我们对所期望发生的事情的预测。也正因如此，设计师在为特定的功能安排空间时应该更为慎重，旨在取得无聊和新颖之间的艰难平衡，使得人们能够“应对”——且依旧惊讶于——他们的日常环境。

综上所述，值得重申的是，梅洛－庞蒂并不是在努力将我们带回到一个神话般的、身体和材料奇迹般地结合在一起的过去，或者栖居和建筑物之间存在着某种理想化的和谐时代。相反，他仅仅是提醒我们，尽管具身是生活中所固有的，我们也常常会忽略日常体验中所遇到的事物的物质维度——无论它们是建筑物或是物体，亦或是其他人，甚至是他们的语言和他们的行为举止模式。如果说数码化生活所承诺的自由有什么不好的一面的话，那就是这种趋同的形势，即沉迷且屈从于那显然是非物质性的浮光掠影、海市蜃楼，且同时忘记了我们进入真实世界的唯一方式，准确地讲，也就是通过我们身体的界面（Hayles 1999）。

而更为轻易地，我们忘记了思想所具有的物质性，就像所有物体一样，思想也具有其自身固有的局限性和可能性。托马斯·库恩（Thomas Kuhn）[①]的“科学范式”（scientific

① 托马斯·库恩是一位美国的科学哲学家，主要著作有1962年出版的《科学革命结构》（The structure of Scientific Revolution）一书。——译者注

paradigms）提供了一个中肯的好例子，向我们展示了概念结构如何积极地塑造了我们的真理观（Kuhn 1970）。正是这种，对于共有物质性的物体本身所固有阻力的敏感度——即事实上，所有物，甚至概念，都有其自身的“纹理”、自身的模式，以及自身的倾向性——而这应该就是梅洛－庞蒂关于整个具身体现的哲学所留给我们的经久不衰的遗产。因此，梅洛－庞蒂并不是简单地鼓励我们去盲目迷恋昂贵的材料和精雕细琢的整体细节，相反，他引导我们去考虑所有工具和技艺的内在材料性，去考虑材料性如何保护我们、并使我们免受那自上而下的控制所带来的霸道专制的。

正是这种，对于具有物质性的物体本身所固有阻力的敏感 115
度——即事实上，所有物，甚至概念，都有自身的“纹理”、自身的模式以及自身的倾向性——而这应该就是梅洛－庞蒂关于整个具身体现的哲学所留给我们的经久不衰的遗产。

关于梅洛－庞蒂哲学方法的另外一个重要经验是，他把现象学和结构主义有效地结合到了一起。他也试图，通过探索主客两种现象之间根本的相互依赖性，来为传统的主客二元划分法寻找一种替代品。通过把这两个术语看作为同等抽象和后合理化（post-rationalized）的建造物，他为我们提供了一种可以把具身体验理解为我们持久性“原始条件”（primordial condition）的方法。我们周边环境所做出的重要贡献——同时在实际的和文化的结构方面——任何人都应该以他的研究作为深入思考建筑的一个必要的出发点。

> 因此，伴随着世界——作为所有重要意义的摇篮，作为所有意识的意识，以及所有思想的发源地——我们也

在偶然性和绝对理性之间、在非意识和意识之间，发现了战胜现实主义和理想主义的方式[①]。这个世界，就像我们试图去揭示的那样……不再是成体系建构化思想的可视化展开，也不再是不同部分的偶然集合，更不是对一件平凡事件的直接看法；相反，世界是所有理性的家园。

（Merleau-Ponty 2012：454）

① 在梅洛－庞蒂看来，现象学就可以取代‘现实主义’与‘理想主义’。这样一来，这两种长期占据我们理解世界的方式的哲学思想就有了替代品。在理想主义中，世界由想法（idea）所主宰，就是成体系建构化思想的可视化展开，例如柏拉图（Plato）和黑格尔（Hegel）等的思想都属于此类。而在现实主义中，有时候也被称为唯物主义（materialism）或经验主义（empiricism），现实被看做是物体之间偶然发生的力学互动。就像约翰·洛克（JohnLocke）和戴维休谟（DavidHume）对感知这一概念的理解那样——身体首先要被动的被外来感官刺激所轰炸，然后感知过程才会开始。（该解释来自于译者对原书作者的采访）——译者注

延伸阅读

116

近年来，有数量惊人的关于梅洛-庞蒂哲学的介绍的作品被发表出来，它们都表明梅洛-庞蒂的哲学横跨多个不同领域中，而对他的兴趣又强势回归。对我来说，最有帮助的仍然是——感谢其清晰程度和可使用性——埃瑞克·马修斯（Eric Matthews）的《梅洛-庞蒂的哲学》（*The Philosophy of Merleau-Ponty*，2002）一书。另外，泰勒·卡曼（Taylor Carman）的《梅洛-庞蒂》（2008）一书，也为我们提供了一种更为实质的研究，同时也做出了卓越的工作，即把许多梅洛-庞蒂研究当中许多看起来更为不同的部分结合到了一起。还有一本更为早期的书，在一个实用的整体叙事框架中展现了梅洛-庞蒂所有的主要著作，那就是盖里·布伦特·麦迪逊（Gary Brent Madison）所著的《梅洛-庞蒂现象学：搜寻意识局限性》（*The Phenomenology of Merleau-Ponty: A Search for the Limits of Consciousness*，1981）。尽管这本书与容易读懂毫不相干，但它确实提供了一个令人信服的解释，解释了蕴含在梅洛-庞蒂验证哲学本身局限性的尝试中的内在困难性。

当然，任何其他书籍都不能真正代替阅读梅洛-庞蒂自己的作品，因此我真诚地希望本书能够帮助并鼓励更多的建筑师去阅读梅洛-庞蒂的作品。一个比较好的起始点是出版标题为《知觉世界》（*The World of Perception*，2008）的一部电台广播稿子，这本书里基本没有什么行话，普通读者都可以阅读。梅洛-庞蒂自己的主要研究当然要属《知觉现象学》，而由唐纳德·兰德斯（Donald Landes，2012）所做的新译本使得其文字远比先前的版本更易于读懂（1962）。作为“旅游伴侣读物”，尤其对那些有时候可能是孤独且困难的旅行来说，我还想推荐两本优秀指南，这两本书都特别关注了梅洛－庞蒂的关键文字，它们是：莫尼卡·兰格（Monika Langer）的《梅洛－庞蒂的知觉现象：指南和评论》（*Merleau-Ponty's Phenomenology of Perception: A Guide and Commentary*，1989），还有我之前的同事科玛林·罗姆金－罗姆拉克（Komarine Romdenh-Romluc）所撰写的《梅洛－庞蒂和知觉现象学》（*Merleau-Ponty and Phenomenology of Perception*，2011），这两部作品都很好地利用了解释性案例，并且在风格上也令人耳目一新。最后，对于主要观点的简要解释和哲学术语概念来说，有两本书值得阅读，即《梅洛－
117 庞蒂：主要概念》（*Merleau-Ponty: Key Concepts*，Diprose and Reynolds 2008）和《梅洛－庞蒂词典》（*The Merleau-Ponty Dictionary*，Landes，2013b），这两本书都非常实用，我们可以随时翻阅。

在建筑学当中——除了常出现的参考资料——令人遗憾的是，很少有案例和梅洛－庞蒂的研究产生持续性互动。弗雷德·拉什的《建筑论》（*On Architecture*）（2009）是一个值得一提的例外，只是这本书也碰巧是由一位哲学家所著。建筑师的例子包括达利博·韦塞利（Dalibor Vesely，2004）和尤哈尼·帕拉斯马（2005；2009）。《皮肤的眼睛》（*The Eyes of the Skin*）讲述了在建筑当中的身体体验的重要主题，尽管——不到80页——将此书作为参考文献的书目或许更为有用。与此相似的，我还想推荐《知觉问题：建筑现象学》（*Questions of Perception: Phenomenology of Architecture*，Holl，Pallasmaa and Pérez-Gómez 2006），此书思考了梅洛－庞蒂的观点在建筑史和设计文脉两方面的含意。

参考文献

Abel, C. (2015) *The Extended Self: Architecture, Memes and Minds*, Manchester: Manchester University Press.

Abram, D. (1996) *The Spell of the Sensuous: Perception and Language in a More Than-Human World*, New York: Pantheon Books.

Alaimo, S. (2010) *Bodily Natures: Science, Environment, and the Material Self*, Bloomington, IN: Indiana University Press.

Andersen, M. A. and Oxvig, H. (eds.) (2009) *Paradoxes of Appearing: Essays on Art, Architecture and Philosophy*, Baden, Switzerland: Lars Müller.

Arbib, M. A. and Hesse, M. B. (1986) *The Construction of Reality*, Cambridge: Cambridge University Press.

Archer, M. S. (2000) *Being Human: The Problem of Agency*, Cambridge: Cambridge University Press.

Armstrong, D. F. and Wilcox, S. (2007) *The Gestural Origin of Language*, New York; Oxford: Oxford University Press.

Arnheim, R. (1977) *The Dynamics of Architectural Form: Based on the 1975 Mary Duke Biddle Lectures at the Cooper Union*, Berkeley, CA; London: University of California Press.

Artaud, A. (1958) T*he Theater and Its Double,* trans. Richards, M.C. New York: Grove Press.

Awan, N., Schneider, T. and Till, J. (eds.) (2011) *Spatial Agency: Other Ways of Doing Architecture*, London: Routledge.

Barad, K. M. (2007) *Meeting the Universe Halfway: Quantum Physics and the Entanglement of Matter and Meaning,* Durham, NC: Duke University Press.

Barbaras, R. (2004) *The Being of the Phenomenon: Merleau-Ponty's Ontology,* trans. Toadvine, T. & Lawlor, L. Bloomington, IN: Indiana University Press.

Barbaras, R. (2006) *Desire and Distance: Introduction to a Phenomenology of Perception,* trans. Milan, P.B. Stanford, CA: Stanford University Press.

Barthes, R. (2000) *Camera Lucida: Reflections on Photography*, trans. Howard, R. London: Vintage.

Beaune, S. A. d. and Coolidge, F. L. (eds.) (2009) *Cognitive Archaeology and Human Evolution*, Cambridge: Cambridge University Press.

Bennett, J. (2010) *Vibrant Matter: A Political Ecology of Things*, Durham, NC: Duke University Press.

Bergson, H. (1988) *Matter and Memory*, trans. Paul, N.M. & Palmer, W.S. New York: Zone Books.

Bermudez, J. L. (2003) *Thinking Without Words*, New York and Oxford: Oxford University Press, 2007.

Bermudez, J. L., Marcel, A. J. and Eilan, N. (eds.) (1995) *The Body and the Self*, Cambridge, MA and London: MIT Press.

Berthoz, A. (2000) *The Brain's Sense of Movement*, trans. Weiss, G. Cambridge, MA; London: Harvard University Press.

Bhatt, R. (ed.) (2013) *Rethinking Aesthetics: The Role of Body in Design*, New York: Routledge.

Blackman, L. (2008) *The Body: The Key Concepts*, Oxford: Berg.

Bloomer, K. C., Moore, C. W. and Yudell, R. J. (1977) *Body,*

Memory and Architecture, New Haven; London: Yale University Press.

Blundell Jones, P. and Meagher, M. (eds.) (2014) *Architecture and Movement: The Dynamic Experience of Buildings and Landscapes*, New York: Routledge.

Borgmann, A. (1984) *Technology and the Character of Contemporary Life: A Philosophical Inquiry*, Chicago; London: University of Chicago Press.

Botvinick, M. and Cohen, J. (1998) Rubber Hands 'Feel' Touch That Eyes See, *Nature*, 391 (6669) , pp. 756–756.

Bourdieu, P. (1977) *Outline of a Theory of Practice*, trans. Nice, R. Cambridge: Cambridge University Press.

Bourdieu, P. (1990) *The Logic of Practice*, trans. Nice, R. Cambridge: Polity Press.

Bourdieu, P. (1998) *Practical Reason: On the Theory of Action*, Cambridge: Polity Press.

Braidotti, R. (2013) *The Posthuman*, Cambridge: Polity Press.

Brand, S. (1994) *How Buildings Learn: What Happens after They're Built*, New York and London: Viking.

Brandstetter, G. and Vöckers, H. (eds.) (2000) *Remembering the Body*, Ostfildern Ruit: Hatje Cantz.

Bresler, L. (ed.) (2004) *Knowing Bodies, Moving Minds: Towards Embodied Teaching and Learning*, Dordrecht and London: Kluwer Academic.

Brook, P. (1976) *The Empty Space*, Harmondsworth: Penguin.

Bruner, J. S. (1990) *Acts of Meaning*, Cambridge, MA and London: Harvard University Press.

Bullivant, L. (2006) *Responsive Environments: Architecture, Art and Design*, London: V&A.

Burkitt, I. (1999) *Bodies of Thought: Embodiment, Identity and Modernity*, London: Sage.

Calvo-Merino, B., Grezes, J., Glaser, D. E., Passingham, R. E. and Haggard, P. (2006) 'Seeing or Doing? Influence of Visual and Motor Familiarity in Action Observation', *Current Biology*, 16 (19) , pp. 1905–1910.

Cannon, W. B. (1963) *The Wisdom of the Body*, New York: W. W. Norton.

Capra, F. (1996) *The Web of Life: A New Synthesis of Mind and Matter*, London: HarperCollins.

Caputo, J. D. (ed.) (1997) *Deconstruction in a Nutshell: A Conversation with Jacques Derrida*, New York: Fordham University Press.

Carman, T. (2008) *Merleau-Ponty*, London: Routledge.

Carman, T. and Hansen, M. B. N. (eds.) (2005) *The Cambridge Companion to Merleau-Ponty*, Cambridge: Cambridge University Press.

Chemero, A. (2009) *Radical Embodied Cognitive Science, Cambridge*, MA and London: MIT Press.

Ching, F. D. K. (1996) *Architecture, Form, Space & Order*, 2nd ed. edn. New York; Chichester: John Wiley.

Clark, A. (1997) *Being There: Putting Brain, Body, and World Together Again*, Cambridge, MA and London: MIT Press.

Clark, A. (2003) *Natural-Born Cyborgs: Why Minds and Technologies Are Made to Merge*, New York: Oxford University Press.

Clark, A. (2008) *Supersizing the Mind: Embodiment, Action, and*

Cognitive Extension, New York; Oxford: Oxford University Press.

Clarke, B. and Hansen, M. B. N. (2009) *Emergence and Embodiment: New Essays on Second-Order Systems Theory*, Durham, NC; Chesham: Duke University Press.

Classen, C. (ed.) (2005) *The Book of Touch*, Oxford: Berg.

Colquhoun, A. (1969) 'Typology and Design Method', in Jencks, C. & Baird, G. (eds.) *Meaning in Architecture*, New York: G. Braziller, pp. 267-277.

Coole, D. H. (2007) *Merleau-Ponty and Modern Politics after Anti-Humanism*, Lanham, MD and Plymouth: Rowman & Littlefield.

Coole, D. H. and Frost, S. (eds.) (2010) *New Materialisms: Ontology, Agency, and Politics*, Durham, NC: Duke University Press.

Corballis, M. C. (2002) *From Hand to Mouth: The Origins of Language*, Princeton, NJ: Princeton University Press.

Crary, J. E. and Kwinter, S. E. (eds.) (1992) *Incorporations*, New York: Zone Books.

Crossley, N. (2001) *The Social Body: Habit, Identity and Desire*, London: Sage.

Damasio, A. R. (2000) *The Feeling of What Happens: Body and Emotion in the Making of Consciousness*, London: W.Heinemann.

Damasio, A. R. (2005) *Descartes' Error: Emotion, Reason, and the Human Brain*, London: Penguin.

Damasio, A. R. (2010) *Self Comes to Mind: Constructing the Conscious Brain*, London: William Heinemann.

Dawkins, R. (1999) *The Extended Phenotype: The Long Reach of the Gene*, Oxford: Oxford University Press.

De Certeau, M. (1984) *The Practice of Everyday Life*, trans. Rendall, S. Berkeley, CA; London: University of California Press.

Deacon, T. W. (1997) *The Symbolic Species: The Coevolution of Language and the Brain*, New York; London: W.W. Norton.

Deleuze, G. and Guattari, F. (1988) *A Thousand Plateaus: Capitalism and Schizophrenia*, trans. Massumi, B. London: Athlone Press.

Dennett, D. C. (1992) *Consciousness Explained*, London: Penguin.

Descartes, R. (1985) *The Philosophical Writings of Descartes*, trans. Cottingham, J., Stoothoff, R. & Murdoch, D. Cambridge: Cambridge University Press.

Dewey, J. (1980) *Art as Experience* (originally published 1934) , New York: Perigee Books.

Dillon, M. C. (ed.) (1991) *Merleau-Ponty Vivant*, Albany, NY: State University of New York Press.

Dillon, M. C. (1997) *Merleau-Ponty's Ontology*, 2nd edn. Evanston, IL: Northwestern University Press.

Diprose, R. and Reynolds, J. (2008) *Merleau-Ponty: Key Concepts*, Stocksfield: Acumen.

Donald, M. (1991) *Origins of the Modern Mind: Three Stages in the Evolution of Culture and Cognition*, Cambridge, MA and London: Harvard University Press.

Dourish, P. (2001) *Where the Action Is: The Foundations of Embodied Interaction*, Cambridge, MA: MIT Press.

Drake, S. (2005) 'The Chiasm and the Experience of Space',

Journal of Architectural Education, 59 (2) , pp. 53–59.

Dudley, S. H. (ed.) (2010) *Museum Materialities: Objects, Engagements, Interpretations*, London: Routledge.

Edensor, T. (2005) *Industrial Ruins: Spaces, Aesthetics, and Materiality*, Oxford: Berg.

Eisenman, P., Krauss, R. E. and Tafuri, M. (1987) *House of Cards*, New York and Oxford: Oxford University Press.

Eliasson, O. (2013) *Your Embodied Garden*, 2013. Video. Directed by Eliasson, O.: Louisiana Museum, Denmark.

Feher, M., Naddaff, R. and Tazi, N. (eds.) (1989) *Fragments for a History of the Human Body: Vol 1*, New York: Zone Books.

Flusser, V. (2014) *Gestures*, trans. Roth, N.A. Minneapolis: University of Minnesota Press.

Foster, H. (ed.) (1983) *The Anti-Aesthetic: Essays on Postmodern Culture*, Port Townsend, WA: Bay Press.

Foster, S. L. (2011) *Choreographing Empathy: Kinesthesia in Performance*, London: Routledge.

Foucault, M. (1994) *The Order of Things: An Archaeology of the Human Sciences*, New York: Vintage Books.

Frampton, K. (1983) 'Towards a Critical Regionalism: Six Points for an Architecture of Resistance', in Foster, H. (ed.) *The Anti-Aesthetic: Essays on Postmodern Culture*, Port Townsend, WA: Bay Press, pp. 16–30.

Frampton, K. (1988) 'Intimations of Tactility: Excerpts from a Fragmentary Polemic', in Marble, S. (ed.) *Architecture and Body*, New York: Rizzoli, pp. Unpaginated.

Frampton, K. (1990) 'Rappel a L'ordre: The Case for the Tectonic', *Architectural Design*, 60 (3–4) , pp. 19–25.

Frampton, K. and Cava, J. (1995) *Studies in Tectonic Culture: The Poetics of Construction in Nineteenth and Twentieth Century Architecture*, Cambridge, MA and London: MIT Press.

Frascari, M. (1984) 'The Tell-the-Tale Detail', *VIA*, (7: The Building of Architecture) , pp. 23-37.

Frascari, M. (1990) *Monsters of Architecture: Anthropomorphism in Architectual Theory*, Totowa, NJ; London: Rowman & Littlefield.

Frascari, M. (2011) *Eleven Exercises in the Art of Architectural Drawing: Slow Food for the Architect's Imagination*, London: Routledge.

Frascari, M., Hale, J. and Starkey, B. (eds.) (2007) *From Models to Drawings: Imagination and Representation in Architecture*, London: Routledge.

Freedberg, D. and Gallese, V. (2007) 'Motion, Emotion and Empathy in Esthetic Experience', *Trends in Cognitive Science*, 11 (5) , pp. 197-203.

Gallagher, S. (2005) *How the Body Shapes the Mind*, Oxford: Clarendon Press.

Gallagher, S. (2012) *Phenomenology*, Basingstoke: Palgrave Macmillan.

Gallagher, S. and Zahavi, D. (2008) *The Phenomenological Mind: An Introduction to Philosophy of Mind and Cognitive Science*, London: Routledge.

Gallese, V., Fadiga, L., Fogassi, L. and Rizzolatti, G. (1996) 'Action Recognition in the Premotor Cortex', *Brain*, 119 (Pt 2) , pp. 593-609.

Gallese, V. and Goldman, A. (1998) 'Mirror Neurons and the

Simulation Theory of Mind-Reading', *Trends in Cognitive Science*, 2 (12) , pp. 493-501.

Gibbs, R. W. (2005) *Embodiment and Cognitive Science*, Cambridge: Cambridge University Press.

Gibson, J. J. (1986) *The Ecological Approach to Visual Perception*, Hillsdale, NJ: Lawrence Erlbaum.

Gibson, K. R. and Ingold, T. (eds.) (1993) *Tools, Language, and Cognition in Human Evolution*, Cambridge: Cambridge University Press.

Glendinning, S. (2006) *In the Name of Phenomenology*, London: Routledge.

Goldin-Meadow, S. (2003) *Hearing Gesture: How Our Hands Help Us Think*, Cambridge, MA and London: Belknap Press of Harvard University Press.

Goodale, M. A. and Milner, A. D. (2005) *Sight Unseen: An Exploration of Conscious and Unconscious Vision*, Oxford: Oxford University Press.

Gopnik, A., Meltzoff, A. N. and Kuhl, P. K. (2001) *How Babies Think: The Science of Childhood*, London: Phoenix.

Gregory, R. L. (1998) *Eye and Brain: The Psychology of Seeing*, 5th edn. Oxford: Oxford University Press.

Grosz, E. A. (1994) *Volatile Bodies: Toward a Corporeal Feminism*, Bloomington, IN: Indiana University Press.

Grosz, E. A. (1998) *Architecture from the Outside: Essays on Virtual and Real Space*, Cambridge, MA and London: MIT Press.

Hansell, M. H. (2007) *Built by Animals: The Natural History of Animal Architecture*, Oxford and New York: Oxford University Press.

Hansen, M. B. N. (2004) *New Philosophy for New Media*, Cambridge, MA and London: MIT Press.

Hansen, M. B. N. (2006) *Bodies in Code: Interfaces with Digital Media*, London: Routledge.

Hansen, M. F. (2003) *The Eloquence of Appropriation: Prolegomena to an Understanding of Spolia in Early Christian Rome*, Rome: L'Erma di Bretschneider.

Haraway, D. J. (1991) *Simians, Cyborgs and Women: The Reinvention of Nature*, London: Free Association.

Harman, G. (2011) *The Quadruple Object, Winchester and Washington*, DC: Zero Books.

Hass, L. (2008) *Merleau-Ponty's Philosophy*, Bloomington, IN: Indiana University Press.

Hauptmann, D. and Akkerhuis, B. (eds.) (2006) *The Body in Architecture*, Rotterdam: 010.

Hayles, K. (1999) *How We Became Posthuman: Virtual Bodies in Cybernetics, Literature, and Informatics*, Chicago, IL and London: University of Chicago Press.

Heidegger, M. (1962) *Being and Time*, trans. Macquarrie, J. & Robinson, E. New York: Harper Collins.

Heidegger, M. (1977) *The Question Concerning Technology,* and Other Essays, trans. Lovitt, W. New York and London: Harper and Row.

Held, R.and Hein, A. (1963) 'Movement-Produced Stimulation in the Development of Visually Guided Behavior', *Journal of Comparative and Physiological Psychology*, 56, pp.872-876.

Hensel, M., Hight, C. and Menges, A. (eds.) (2009) *Space Reader: Heterogeneous Space in Architecture*, Chichester and Hoboken, NJ: Wiley.

Heschong, L. (1979) *Thermal Delight in Architecture*, Cambridge, MA and London: MIT Press.

Hill, J. (2003) *Actions of Architecture: Architects and Creative Users*, London and New York: Routledge.

Hill, J. (2012) *Weather Architecture*, London and New York: Routledge.

Holl, S. (1996) *Intertwining: Selected Projects 1989-1995*, New York: Princeton Architectural Press.

Holl, S. (2000) *Parallax*, Basel, Boston and New York: Birkhäuser and Princeton Architectural Press.

Holl, S., Pallasmaa, J. and Pérez Gómez, A. (2006) *Questions of Perception: Phenomenology of Architecture*, 2nd edn. San Francisco, CA: William Stout.

Humphrey, N. (2006) *Seeing Red: A Study in Consciousness*, Cambridge, MA and London: Belknap Press of Harvard University Press.

Husserl, E. (1970) *The Crisis of European Sciences and Transcendental Phenomenology: An Introduction to Phenomenological Philosophy* (originally published 1900), trans. Carr, D. Evanston, IL: Northwestern University Press.

Husserl, E. (2001) *Logical Investigations, Vol. 1* (originally published 1900), trans. Findlay, J.N. London: Routledge.

Hutchins, E. (1995) *Cognition in the Wild*, Cambridge, MA and London: MIT Press.

Iacoboni, M. (2008) *Mirroring People: The New Science of How We Connect with Others*, New York: Farrar, Straus and Giroux.

Ihde, D. (1990) *Technology and the Lifeworld: From Garden to*

Earth, Bloomington, IN: Indiana University Press.

Ihde, D. (2002) *Bodies in Technology*, Minneapolis and London: University of Minnesota Press.

Illich, I. (1985) *H20 and the Waters of Forgetfulness: Reflections on the Historicity of "Stuff"*, Dallas: Dallas Institute of Humanities and Culture.

Ingold, T. (2000) *The Perception of the Environment: Essays on Livelihood, Dwelling and Skill*, London and New York: Routledge.

Ingold, T. (2013) *Making: Anthropology, Archaeology, Art and Architecture*, London and New York: Routledge.

Iriki, A. (2006) 'The Neural Origins and Implications of Imitation, Mirror Neurons and Tool Use', *Current Opinion in Neurobiology*, 16, pp. 660–667.

James, W. (1950) *The Principles of Psychology,* 2 vols (originally published 1890) . New York: Dover.

Jameson, F. (1994) *The Seeds of Time*, New York and Chichester: Columbia University Press.

Jeannerod, M. (2006) *Motor Cognition: What Actions Tell the Self*, Oxford: Oxford University Press.

Johnson, G. A. and Smith, M. B. (eds.) (1990) *Ontology and Alterity in Merleau-Ponty*, Evanston, IL: Northwestern University Press.

Johnson, G. A. and Smith, M. B. (eds.) (1993) *The Merleau-Ponty Aesthetics Reader: Philosophy and Painting*, Evanston, IL: Northwestern University Press.

Johnson, M. (1987) *The Body in the Mind: The Bodily Basis of Meaning, Imagination, and Reason*, Chicago: University of Chicago Press.

Johnson, M. (2007) *The Meaning of the Body: Aesthetics of Human Understanding*, Chicago and London: University of Chicago Press.

Jones, C. A. and Arning, B. (2006) *Sensorium: Embodied Experience, Technology, and Contemporary Art*, Cambridge, MA and London: MIT Press.

Jullien, F. (1995) *The Propensity of Things: Toward a History of Efficacy in China*, trans. Lloyd, J. New York: Zone Books.

Katz, D. (1989) *The World of Touch*, trans. Krueger, L.E. Hillsdale, NJ: Lawrence Erlbaum Associates.

Kearney, R. (1994) *Modern Movements in European Philosophy*, Manchester: Manchester University Press.

Keller, C. M. and Keller, J. D. (1996) *Cognition and Tool Use: The Blacksmith at Work*, Cambridge: Cambridge University Press.

Kepes, G. (1995) *Language of Vision*, New York, Dover and London: Constable.

Kirsh, D. (1995) 'The Intelligent Use of Space', *Artificial Intelligence*, 73 (1-2), pp. 31-68.

Knappett, C. (2005) *Thinking through Material Culture: An Interdisciplinary Perspective*, Philadelphia: University of Pennsylvania Press.

Kockelmans, J. J. (1967) *Phenomenology: The Philosophy of Edmund Husserl and Its Interpretation*, Garden City, NY: Anchor Books.

Köler, W. (1992) *Gestalt Psychology: An Introduction to New Concepts in Modern Psychology*, New York: Liveright.

Kozel, S. (2007) *Closer: Performance, Technologies, Phenomenology*, Cambridge, MA and London: MIT Press.

Krell, D. F. (1997) *Archeticture: Ecstasies of Space, Time, and the Human Body*, Albany, NY: State University of New York Press.

Kubler, G. (1962) *The Shape of Time: Remarks on the History of Things*, New Haven and London: Yale University Press.

Kuhn, T. S. (1970) *The Structure of Scientific Revolutions*, 2nd edn. Chicago and London: University of Chicago Press.

Lakoff, G. and Johnson, M. (1980) *Metaphors We Live By*, Chicago: University of Chicago Press.

Lakoff, G. and Johnson, M. (1999) *Philosophy in the Flesh: The Embodied Mind and Its Challenge to Western Thought*, New York: Basic Books.

Landes, D. A. (2013a) *Merleau-Ponty and the Paradoxes of Expression*, London and New York: Bloomsbury.

Landes, D. A. (2013b) *The Merleau-Ponty Dictionary*, London and New York: Bloomsbury.

Langer, M. M. (1989) *Merleau-Ponty's Phenomenology of Perception: A Guide and Commentary*, Gainesville, FL: Florida State University Press.

Latour, B. (1993) *We Have Never Been Modern*, trans. Porter, C. New York and London: Harvester Wheatsheaf.

Latour, B. (1999) *Pandora's Hope: Essays on the Reality of Science Studies*, Cambridge, MA and London: Harvard University Press.

Latour, B. (with Johnson, J.) (1988) 'Mixing Humans and Nonhumans Together: The Sociology of a Door Closer', *Social Problems,* (35), pp. 298-310.

Lave, J. (1988) *Cognition in Practice: Mind, Mathematics and Culture in Everyday Life*, Cambridge: Cambridge University Press.

Lave, J. and Wenger, E. (1991) *Situated Learning: Legitimate Peripheral Participation*, Cambridge: Cambridge University Press.

Lavin, S. (1992) *Quatremère De Quincy and the Invention of a Modern Language of Architecture*, Cambridge, MA: MIT Press.

Le Corbusier, C. E. J. (1951) *The Modulor: A Harmonious Measure to the Human Scale Universally Applicable to Architecture and Mechanics*, London: Faber and Faber.

Le Corbusier, C. E. J. (2008) *Toward an Architecture*, trans. Goodman, J. London: Frances Lincoln.

Leach, N. (ed.) (1997) *Rethinking Architecture: A Reader in Cultural Theory*, London and New York: Routledge.

Leach, N., Turnbull, D. and Williams, C. (eds.) (2004) *Digital Tectonics*, Chichester: Wiley-Academy.

Leatherbarrow, D. (2009) *Architecture Oriented Otherwise*, New York: Princeton Architectural Press.

Leatherbarrow, D. and Mostafavi, M. (2002) *Surface Architecture*, Cambridge, MA and London: MIT Press.

Leder, D. (1990) *The Absent Body*, Chicago: University of Chicago Press.

Lefaivre, L. and Tzonis, A. (2003) *Critical Regionalism: Architecture and Identity in a Globalized World*, Munich and London: Prestel.

Lefebvre, H. (1996) *Writings on Cities*, trans. Kofman, E. & Lebas, E. Oxford: Blackwell.

Lepecki, A. (2006) *Exhausting Dance: Performance and the Politics of Movement*, New York and London: Routledge.

Lepecki, A. (ed.) (2012) *Dance: Documents of Contemporary Art*,

London and Cambridge, MA: Whitechapel Gallery, MIT Press.

Leroi-Gourhan, A. (1993) *Gesture and Speech*, trans. Berger, A.B. Cambridge, MA and London: MIT Press.

Lerup, L. (1977) *Building the Unfinished: Architecture and Human Action*, Beverly Hills and London: Sage.

Levin, D. M. (1985) *The Body's Recollection of Being: Phenomenological Psychology and the Deconstruction of Nihilism*, London: Routledge & Kegan Paul.

Lévi-Strauss, C. (1963) *Structural Anthropology*, trans. Jacobson, C. & Schoepf, B.G. New York: Basic Books.

Lévi-Strauss, C. (1966) *The Savage Mind*, Chicago and London: University of Chicago Press.

Lewis-Williams, J. D. (2004) *The Mind in the Cave: Consciousness and the Origins of Art*, London: Thames & Hudson.

Leyton, M. (2006) *Shape as Memory: A Geometric Theory of Architecture*, Basel: Birkhäuser.

Livingstone, M. S. (2002) *Vision and Art: The Biology of Seeing*, New York and London: Harry N. Abrams.

Long, R. (1991) *Walking in Circles*, London: South Bank Centre.

Lovelock, J. (1979) Gaia: A New Look at Life on Earth, Oxford: Oxford University Press.

Luria, A. R. (1982) *Language and Cognition*, trans. Wertsch, J.V. Washington, DC: Winston & Sons; Wiley.

Lynch, K. (1960) *The Image of the City*, Cambridge MA and London: MIT Press.

Lynn, G. (1998) Folds, *Bodies & Blobs: Collected Essays*, Brussells: La Lettre volée.

Madison, G. B. (1981) *The Phenomenology of Merleau-Ponty: A Search for the Limits of Consciousness*, Athens, OH: Ohio University Press.

Maiese, M. (2011) *Embodiment, Emotion, and Cognition*, Basingstoke: Palgrave Macmillan.

Malafouris, L. (2013) *How Things Shape the Mind: A Theory of Material Engagement*, Cambridge, MA: MIT Press.

Malafouris, L. and Renfrew, C. (eds.) (2010) *The Cognitive Life of Things: Recasting the Boundaries of the Mind*, Cambridge: McDonald Institute for Archaeological Research.

Mallgrave, H. F. (2010) *The Architect's Brain: Neuroscience, Creativity, and Architecture*, Chichester: Wiley-Blackwell.

Mallgrave, H. F. and Ikonomou, E. (eds.) (1994) *Empathy, Form, and Space: Problems in German Aesthetics*, 1873-1893, Santa Monica, CA and Chicago, IL: Getty Center for the History of Art and the Humanities.

Malnar, J. M. and Vodvarka, F. (2004) *Sensory Design*, Minneapolis: University of Minnesota Press.

Marble, S. (ed.) (1988) *Architecture and Body*, New York: Rizzoli.

Marchand, T. H. J. (ed.) (2010) *Making Knowledge: Explorations of the Indissoluble Relation between Mind, Body and Environment*, Oxford: Wiley Blackwell.

Marks, L. U. (2002) *Touch: Sensuous Theory and Multisensory Media*, Minneapolis: University of Minnesota Press.

Marras, A. (ed.) (1999) *Eco-Tec: Architecture of the in-Between*, New York: Princeton Architectural Press.

Massumi, B. (1998) 'Stelarc: The Evolutionary Alchemy of Reason', in Beckmann, J. (ed.) *The Virtual Dimension:*

Architecture, Representation, and Crash Culture, New York: Princeton Architectural Press, pp. 334-341.

Matthews, E. (2002) *The Philosophy of Merleau-Ponty*, Chesham: Acumen.

Maturana, H. R. and Varela, F. J. (1992) *The Tree of Knowledge: The Biological Roots of Human Understanding*, trans. Paolucci, R. 2nd edn. Boston and London: Shambhala.

Mauss, M. (2006) *Techniques, Technology and Civilisation*, trans. Schlanger, N. New York: Durkheim Press/Berghahn Books.

McCann, R. (2008) 'Entwining the Body and the World: Architectural Design and Experience in the Light of "Eye and Mind"', in Weiss, G. (ed.) *Intertwinings: Interdisciplinary Encounters with Merleau-Ponty*, Albany, NY: State University of New York Press, pp. 265-281.

McCarthy, J. and Wright, P. (2004) *Technology as Experience*, Cambridge, MA. and London: MIT Press.

McCullough, M. (1996) *Abstracting Craft: The Practiced Digital Hand*, Cambridge, MA and London: MIT Press.

McCullough, M. (2004) *Digital Ground: Architecture, Pervasive Computing, and Environmental Knowing*, Cambridge, MA and London: MIT Press.

McLuhan, M. (2001) *Understanding Media: The Extensions of Man*, London: Routledge.

McManus, I. C. (2002) *Right Hand, Left Hand: The Origins of Asymmetry in Brains, Bodies, Atoms and Cultures*, London: Weidenfeld & Nicolson.

McNeill, D. (2005) *Gesture and Thought*, Chicago and London: University of Chicago Press.

McNeill, D. (1992) *Hand and Mind: What Gestures Reveal About Thought*, Chicago and London: University of Chicago Press.

Mead, G. H. and Morris, C. W. (1967) *Mind, Self and Society from the Standpoint of a Social Behaviorist*, Chicago: University of Chicago Press.

Menary, R. (ed.) (2010) *The Extended Mind,* Cambridge, MA and London: MIT Press.

Merleau-Ponty, M. (1962) *Phenomenology of Perception*, trans. Smith, C. London: Routledge & Kegan Paul.

Merleau-Ponty, M. (1963) *In Praise of Philosophy*, trans. Wild, J. & Edie, J.M. Evanston, IL: Northwestern University Press.

Merleau-Ponty, M. (1964a) *The Primacy of Perception, and Other Essays on Phenomenological Psychology, the Philosophy of Art, History, and Politics*, Evanston, IL: Northwestern University Press.

Merleau-Ponty, M. (1964b) *Sense and Non-Sense,* trans. Dreyfus, H.L. & Dreyfus, P.A. Evanston, IL: Northwestern University Press.

Merleau-Ponty, M. (1964c) *Signs*, trans. McCleary, R.C. Evanston, IL: Northwestern University Press.

Merleau-Ponty, M. (1968) *The Visible and the Invisible; Followed by Working Notes*, trans. Lingis, A. Evanston, IL: Northwestern University Press.

Merleau-Ponty, M. (1970) *Themes from the Lectures at the ColleGe De France, 1952-1960*, trans. O'Neill, J. Evanston, IL: Northwestern University Press.

Merleau-Ponty, M. (1973a) *Consciousness and the Acquisition of Language*, trans. Silverman, H.J. Evanston, IL:

Northwestern University Press.

Merleau-Ponty, M. (1973b) *The Prose of the World*, trans. O'Neill, J. Evanston, IL: Northwestern University Press.

Merleau-Ponty, M. (1983) *The Structure of Behavior*, trans. Fisher, A.L. Pittsburgh, PA: Duquesne University Press.

Merleau-Ponty, M. (2003) *Nature: Course Notes from the College De France*, trans.Vallier, R. Evanston, IL: Northwestern University Press.

Merleau-Ponty, M. (2008) *The World of Perception*, trans. Davis, O. London: Routledge.

Merleau-Ponty, M. (2010) *Child Psychology and Pedagogy: The Sorbonne Lectures 1949-1952*, trans. Welsh, T. Evanston, IL: Northwestern University Press.

Merleau-Ponty, M. (2012) *Phenomenology of Perception*, trans. Landes, D.A. Abingdon and New York: Routledge.

Mindrup, M. (ed.) (2015) *The Material Imagination: Reveries on Architecture and Matter*, Farnham: Ashgate.

Mitcham, C. (1994) *Thinking through Technology: The Path between Engineering and Philosophy*, Chicago and London: University of Chicago Press.

Mithen, S. J. (1998) *The Prehistory of the Mind: A Search for the Origins of Art, Religion and Science*, London: Phoenix.

Moran, D. (2000) *Introduction to Phenomenology*, New York: Routledge.

Morris, D. (2004) *The Sense of Space*, Albany, NY: State University of New York Press.

Mostafavi, M. and Leatherbarrow, D. (1993) *On Weathering: The Life of Buildings in Time*, Cambridge, MA and London:

MIT Press.

Mugerauer, R. (1995) *Interpreting Environments: Traditions, Deconstruction, Hermeneutics*, Austin, TX: University of Texas Press.

Nagel, T. (1979) *Mortal Questions*, London: Cambridge University Press.

Neisser, U. (1976) *Cognition and Reality: Principles and Implications of Cognitive Psychology*, San Francisco: W. H. Freeman.

Neutra, R. J. (1954) *Survival through Design*, New York: Oxford University Press.

Nochlin, L. (1994) *The Body in Pieces: The Fragment as a Metaphor of Modernity*, London: Thames and Hudson.

Noë, A. (2004) *Action in Perception*, Cambridge, MA and London: MIT Press.

Noë, A. (2009) *Out of Our Heads: Why You Are Not Your Brain, and Other Lessons from the Biology of Consciousness*, 1st ed. edn. New York: Hill and Wang.

Noland, C. (2009) *Agency and Embodiment: Performing Gestures/Producing Culture*, Cambridge, MA: Harvard University Press.

Norberg-Schulz, C. (1966) *Intentions in Architecture*, Cambridge, MA: MIT Press.

Norberg-Schulz, C. (1971) *Existence, Space & Architecture*, London: Studio Vista.

Norberg-Schulz, C. (1985) *The Concept of Dwelling: On the Way to Figurative Architecture*, New York: Rizzoli.

Norman, D. A. (1993) *Things That Make Us Smart: Defending Human Attributes in the Age of the Machine*, Reading, MA:

Addison-Wesley.

Olkowski, D. and Weiss, G. (eds.) (2006) *Feminist Interpretations of Maurice Merleau-Ponty*, University Park, PA: Pennsylvania State University Press.

O'Neill, J. (1970) *Perception, Expression, and History; The Social Phenomenology of Maurice Merleau-Ponty*, Evanston, IL: Northwestern University Press.

O'Neill, J. (1989) *The Communicative Body: Studies in Communicative Philosophy, Politics, and Sociology*, Evanston, IL: Northwestern University Press.

Ong, W. J. (1991) *Orality and Literacy: The Technologizing of the Word*, New Accents London and New York: Routledge.

Oosterhuis, K. (2003) *Hyperbodies: Toward an E-Motive Architecture*, The It Revolution in Architecture, Basel and Boston: Birkhäuser.

Otero-Pailos, J. (2010) *Architecture's Historical Turn: Phenomenology and the Rise of the Postmodern*, Minneapolis: University of Minnesota Press.

Pallasmaa, J. (2005) *The Eyes of the Skin: Architecture and the Senses*, Chichester: Wiley-Academy.

Pallasmaa, J. (2009) *The Thinking Hand: Existential and Embodied Wisdom in Architecture*, Chichester and Hoboken, NJ: Wiley.

Pascoe, D. (1997) *Peter Greenaway: Museums and Moving Images*, London: Reaktion.

Paterson, M. (2007) *The Senses of Touch: Haptics, Affects, and Technologies*, Oxford and New York: Berg.

Perec, G. (1997) *Species of Spaces and Other Pieces*, trans.

Sturrock, J. London: Penguin.

Pérez Gomez, A. (1983) *Architecture and the Crisis of Modern Science*, Cambridge, MA: MIT Press.

Pérez-Gómez, A. (1986) 'The Renovation of the Body', *AA Files*, (13), pp. 26-29.

Pfeifer, R., Bongard, J. and Grand, S. (2007) *How the Body Shapes the Way We Think: A New View of Intelligence*, Cambridge, MA and London and MIT Press.

Piaget, J. and Inhelder, B. (1956) *The Child's Conception of Space*, trans. Langdon, F.J. & Lunzer, J.L. London: Routledge & Kegan Paul.

Pickering, A. (1995) *The Mangle of Practice: Time, Agency, and Science*, Chicago and London: University of Chicago Press.

Pickering, A. and Guzik, K. (eds.) (2008) *The Mangle in Practice: Science, Society, and Becoming*, Durham, NC and London: Duke University Press.

Picon, A. and Ponte, A. (eds.) (2003) *Architecture and the Sciences: Exchanging Metaphors*, New York: Princeton Architectural Press.

Pink, S. (2011) 'From Embodiment to Emplacement: Re-Thinking Competing Bodies, Senses and Spatialities', *Sport, Education and Society*, 16 (3), pp. 343-355.

Plato (1973) *The Collected Dialogues of Plato: Including the Letters*, trans. Hamilton, E. & Cairns, H. Princeton, NJ: Princeton University Press.

Polanyi, M. (1958) *Personal Knowledge; Towards a Post-Critical Philosophy*, Chicago: University of Chicago Press.

Porter, R. (2003) *Flesh in the Age of Reason*, London: Allen Lane.

Postman, N. (1993) *Technopoly: The Surrender of Culture to Technology*, New York: Vintage Books.

Potts, A. (2000) *The Sculptural Imagination: Figurative, Modernist, Minimalist*, New Haven and London: Yale University Press.

Priest, S. (2003) *Merleau-Ponty*, London: Routledge.

Prigogine, I. and Stengers, I. (1985) *Order out of Chaos: Man's New Dialogue with Nature*, London: Flamingo.

Prinz, J. J. (2004) *Gut Reactions: A Perceptual Theory of Emotion*, Philosophy of Mind Series Oxford and New York: Oxford University Press.

Prinz, J. J. (2012) *Beyond Human Nature: How Culture and Experience Shape the Human Mind*, New York: W.W. Norton.

Proudfoot, M. (ed.) (2003) *The Philosophy of Body*, Oxford: Blackwell.

Pylyshyn, Z. W. (2007) *Things and Places: How the Mind Connects with the World*, Cambridge, MA and London: MIT Press.

Rajchman, J. (1998) *Constructions*, Cambridge, MA and London: MIT Press.

Ramachandran, V. S. (2003) *The Emerging Mind: The Reith Lectures 2003*, London: Profile.

Ramachandran, V. S. (2013) 'The Neurons That Shaped Civilization', [video lecture] in *being Human* [Online]. Available at: http://www.beinghuman.org/article/v-s-ramachandran-gandhi-neurons (Accessed 08 July 2015].

Ramachandran, V. S. and Blakeslee, S. (1998) *Phantoms in the Brain: Human Nature and the Architecture of the Mind*, London: Fourth Estate.

Renfrew, C., Frith, C. D. and Malafouris, L. (eds.) (2009) *The*

Sapient Mind: Archaeology Meets Neuroscience, Oxford: Oxford University Press.

Renfrew, C. and Morley, I. (eds.) (2009) *Becoming Human: Innovation in Prehistoric Material and Spiritual Culture*, Cambridge: Cambridge University Press.

Ricoeur, P. (1981) *Hermeneutics and the Human Sciences: Essays on Language, Action and Interpretation*, trans. Thompson, J.B. Cambridge: Cambridge University Press.

Rizzolatti, G. and Sinigaglia, C. (2008) *Mirrors in the Brain: How Our Minds Share Actions and Emotions*, trans. Anderson, F. Oxford: Oxford University Press.

Roelstraete, D. (2010) *Richard Long: A Line Made by Walking*, London: Afterall Books.

Romdenh-Romluc, K. (2011) *Merleau-Ponty and Phenomenology of Perception*, London: Routledge.

Rose, S. P. R. (2003) *The Making of Memory: From Molecules to Mind*, 2nd edn. London: Vintage.

Rossi, A. (1982) *The Architecture of the City*, trans. Ghirardo, D. & Ockman, J. Cambridge, MA and London: MIT Press.

Rowe, C. and Koetter, F. (1978) *Collage City*, Cambridge, MA: MIT Press.

Rowlands, M. (2006) *Body Language: Representation in Action*, Cambridge, MA and London: MIT Press.

Rowlands, M. (2010) *The New Science of the Mind: From Extended Mind to Embodied Phenomenology*, Cambridge, MA and London: MIT Press.

Rush, F. L. (2009) *On Architecture, Thinking in Action*, London: Routledge.

Ryker, L. (ed.) (1995) *Mockbee Coker: Thought and Process*, New York: Princeton Architectural Press.

Rykwert, J. (1981) *On Adam's House in Paradise: The Idea of the Primitive Hut in Architectural History*, 2nd edn. Cambridge, MA: MIT Press.

Rykwert, J. (1996) *The Dancing Column: On Order in Architecture*, Cambridge, MA and London: MIT Press.

Rykwert, J., Dodds, G. and Tavernor, R. (eds.) (2002) *Body and Building: Essays on the Changing Relation of Body and Architecture*, Cambridge, MA and London: MIT Press.

Ryle, G. (1963) *The Concept of Mind* (originally published 1949), London: Penguin Books.

Sacks, O. W. (2007) *The Man Who Mistook His Wife for a Hat*, London: Picador.

Scarry, E. (1985) *The Body in Pain: The Making and Unmaking of the World*, New York and Oxford: Oxford University Press.

Schechner, R. (1994) *Environmental Theater*, Expanded 2nd edn. New York and London: Applause.

Schilder, P. F. (1935) *The Image and Appearance of the Human Body: Studies in the Constructive Energies of the Psyche*, London: Kegan Paul.

Schön, D. A. (1991) *The Reflective Practitioner: How Professionals Think in Action*, Aldershot: Avebury.

Schutz, A. (1967) *The Phenomenology of the Social World*, trans. Walsh, G. & Lehnert, F. Evanston, IL: Northwestern University Press.

Scott, F. (2008) *On Altering Architecture*, London: Routledge.

Searle, J. R. (1995) *The Construction of Social Reality*, London:

Allen Lane.

Semper, G. (1989) *The Four Elements of Architecture and Other Writings, Res Monographs in Anthropology and Aesthetics*, trans. Mallgrave, H.F. & Herrmann, W. Cambridge: Cambridge University Press.

Sennett, R. (1994) *Flesh and Stone: The Body and the City in Western Civilization*, London: Faber.

Serota, N. (1996) *Experience or Interpretation: The Dilemma of Museums of Modern Art*, London: Thames and Hudson.

Shapiro, L. A. (2011) *Embodied Cognition*, London: Routledge.

Shar, A. (2007) *Heidegger for Architects*, Abingdon and New York: Routledge.

Sheets-Johnstone, M. (2009) *The Corporeal Turn: An Interdisciplinary Reader*, Exeter: Imprint Academic.

Sheets-Johnstone, M. (2011) *The Primacy of Movement*, Expanded 2nd edn. Amsterdam and Philadelphia: John Benjamins.

Shilling, C. (2003) *The Body and Social Theory*, 2nd edn. London: Sage.

Shusterman, R. (2008) *Body Consciousness: A Philosophy of Mindfulness and Somaesthetics*, Cambridge: Cambridge University Press.

Shusterman, R. (2012) *Thinking through the Body: Essays in Somaesthetics*, Cambridge and New York: Cambridge University Press.

Silverman, H. J. (1997) *Inscriptions: After Phenomenology and Structuralism*, Evanston, IL: Northwestern University Press.

Smith, M. and Morra, J. (eds.) (2006) *The Prosthetic Impulse: From a Posthuman Present to a Biocultural Future*, Cambridge, MA and London: MIT Press.

Sobchack, V. C. (1992) *The Address of the Eye: A Phenomenology of Film Experience*, Princeton, NJ and Oxford: Princeton University Press.

Sobchack, V. C. (2004) *Carnal Thoughts: Embodiment and Moving Image Culture*, Berkeley, CA and London: University of California Press.

Spuybroek, L. (2004) *Nox: Machining Architecture*, London: Thames & Hudson.

Stafford, B. M. (1991) *Body Criticism: Imaging the Unseen in Enlightenment Art and Medicine*, Cambridge, MA and London: MIT Press.

Steadman, P. (2008) *The Evolution of Designs: Biological Analogy in Architecture and the Applied Arts*, 2nd edn. London: Routledge.

Stern, D. N. (2004) *The Present Moment in Psychotherapy and Everyday Life*, New York: W.W. Norton.

Stiegler, B. (1998) *Technics and Time: The Fault of Epimetheus*, trans. Beardsworth, R. & Collins, G. Stanford, CA: Stanford University Press.

Stockwell, P. (2002) *Cognitive Poetics: An Introduction*, London: Routledge.

Suchman, L. A. (2007) *Human-Machine Reconfigurations: Plans and Situated Actions*, 2nd edn. Cambridge: Cambridge University Press.

Tallis, R. (2003) *The Hand: A Philosophical Inquiry into Human Being*, Edinburgh: Edinburgh University Press.

Taylor, T. J. (2010) *The Artificial Ape: How Technology Changed the*

Course of Human Evolution, New York: Palgrave Macmillan.

Thrift, N. J. (1996) *Spatial Formations*, London: Sage.

Tilley, C. Y. (1994) *A Phenomenology of Landscape: Places, Paths, and Monuments*, Oxford and Providence, RI: Berg.

Tilley, C. Y. and Bennett, W. (2004) *The Materiality of Stone: Explorations in Landscape Phenomenology*, Oxford: Berg.

Todes, S. (2001) *Body and World*, 2nd edn. Cambridge, MA and London: MIT Press.

Tomasello, M. (1999) *The Cultural Origins of Human Cognition*, Cambridge, MA: Harvard University Press.

Tomasello, M. (2005) *Constructing a Language: A Usage-Based Theory of Language Acquisition*, Cambridge, MA and London: Harvard University Press.

Tschumi, B. (1994) *Architecture and Disjunction*, Cambridge, MA and London: MIT Press.

Tufnell, M. and Crickmay, C. (1990) *Body, Space, Image: Notes Towards Improvisation and Performance*, London: Virago.

Turner, B. S. (2008) *The Body & Society: Explorations in Social Theory*, 3rd edn. London: Sage.

Turner, J. S. (2000) *The Extended Organism: The Physiology of Animal-Built Structures*, Cambridge, MA and London: Harvard University Press.

Turner, V. W. (1982) *From Ritual to Theatre: The Human Seriousness of Play*, New York: Performing Arts Journal Publications.

Turrell, J., Birnbaum, D. and Noever, P. (eds.) (1999) *James Turrell: The Other Horizon*, Ostfildern-Ruit and New York: Hatje Cantz.

Uexküll, J. v. (2010) *A Foray into the Worlds of Animals and*

Humans: With a Theory of Meaning, trans. O'Neill, J.D. Minneapolis: University of Minnesota Press.

Van Berkel, B. (1999) 'A Day in the Life: Mobius House by Un Studio/Van Berkel & Bos', *Building Design*, (1385), pp.15–16.

Van Schaik, L. (2008) *Spatial Intelligence: New Futures for Architecture*, Chichester and Hoboken, NJ: Wiley.

Varela, F. J. (1999) *Ethical Know-How: Action, Wisdom, and Cognition*, Stanford, CA: Stanford University Press.

Varela, F. J., Thompson, E. and Rosch, E. (1991) *The Embodied Mind: Cognitive Science and Human Experience*, Cambridge, MA and London: MIT Press.

Venturi, R. (1977) *Complexity and Contradiction in Architecture*, 2nd edn. London: Architectural Press.

Vesely, D. (2004) *Architecture in the Age of Divided Representation: The Question of Creativity in the Shadow of Production*, Cambridge, MA and London: MIT Press.

Vico, G. (1984) *The New Science of Giambattista Vico, Cornell Paperbacks*, trans. Bergin, T.G. & Fisch, M.H. Ithaca, NY: Cornell University Press.

Vidler, A. (2000) *Warped Space: Art, Architecture, and Anxiety in Modern Culture,* Cambridge, MA and London: MIT Press.

Vygotsky, L. S. (1986) *Thought and Language*, trans. Kozulin, A. Cambridge, MA: MIT Press.

Weinstock, M. (2010) *The Architecture of Emergence: The Evolution of Form in Nature and Civilisation*, Chichester: Wiley.

Weiss, G. (1999) *Body Images: Embodiment as Intercorporeality*, New York and London: Routledge.

Weiss, G. (ed.) (2008a) *Intertwinings: Interdisciplinary Encounters with Merleau-Ponty*, Albany, NY: State University of New York Press.

Weiss, G. (2008b) *Refiguring the Ordinary*, Bloomington, IN: Indiana University Press.

Welton, D. (ed.) (1998) *Body and Flesh: A Philosophical Reader*, Malden, MA: Blackwell.

Welton, D. (ed.) (1999) *The Body: Classic and Contemporary Readings*, Malden, MA: Blackwell.

Wenger, E. (1998) *Communities of Practice: Learning, Meaning, and Identity*, Cambridge: Cambridge University Press.

Weston, R. (2003) *Materials, Form and Architecture*, London: Laurence King.

Wheeler, M. (2005) *Reconstructing the Cognitive World: The Next Step*, Cambridge, MA and London: MIT Press.

Whitehead, A. N. (2004) *The Concept of Nature: The Tarner Lectures Delivered in Trinity College*, November 1919, Mineola, NY: Dover.

Wiener, N. (1961) *Cybernetics: Or Control and Communication in the Animal and the Machine*, trans. Oberli-Turner, M. & Schelbert, C. 2nd edn. Cambridge, MA: MIT Press.

Wigley, M. (1993) *The Architecture of Deconstruction: Derrida's Haunt*, Cambridge, MA: MIT Press.

Wilson, F. R. (1998) *The Hand: How Its Use Shapes the Brain, Language, and Human Culture*, New York: Pantheon Books.

Wolf, M. and Stoodley, C. J. (2008) *Proust and the Squid: The Story and Science of the Reading Brain*, Thriplow: Icon.

Wöfflin, H. (1994) 'Prolegomena to a Psychology of Architecture', in Mallgrave, H.F. & Ikonomou, E. (eds.)

Empathy, Form, and Space: Problems in German Aesthetics, 1873-1893, Santa Monica, CA: Getty Center for the History of Art and the Humanities, pp.150-190.

Yates, F. A. (1992) *The Art of Memory*, London: Pimlico.

Yeang, K. (1999) *The Green Skyscraper: The Basis for Designing Sustainable Intensive Buildings*, Munich and London: Prestel.

Young, I. M. (1980) 'Throwing Like a Girl: A Phenomenology of Feminine Body Comportment, Motility and Spatiality', *Human Studies*, 3 (2), pp. 137-156.

Young, I. M. (1990) *Throwing Like a Girl and Other Essays in Feminist Philosophy and Social Theory*, Bloomington, IN: Indiana University Press.

Zaner, R. M. (1964) *The Problem of Embodiment. Some Contributions to a Phenomenology of the Body*, The Hague: Martinus Nijhoff.

Zumthor, P. (2006) *Thinking Architecture*, trans. Oberli-Turner, M. & Schelbert, C. 2nd edn. Basel; Boston: Birkhäuser.

译者注里引用的参考文献

李建会，于小晶，(2014)，“4E+S”: 认知科学的一场新革命? 《哲学研究》，2014 年 1 期。

李砚祖，(2006)，设计与“修补术”一读潘纳格迪斯 . 罗瑞德《设计作为“修补术”: 当设计思想遭遇人类学》，山东工艺美术学院学报，2006.10。

索引

译后记

在梅洛 - 庞蒂的领域内谈论建筑学是一件很有挑战的事情。正如本书第一句话所说的那样，梅洛 - 庞蒂一生似乎都与建筑绝缘。这位涉猎甚广的法国哲学家并没有在其任何著作中涉及建筑领域，但他那充满诗意且自由烂漫的著作中却仿佛处处闪烁着足以影响建筑师设计的光芒。从路易斯·康到斯蒂文·霍尔，一代代讲究人的空间感知，注重人体与建筑之间交互关系的建筑师们总在不知不觉间践行着梅洛 - 庞蒂的核心思想——即人们是通过身体来实现对世界的感知、理解、和融入。这种思维被我们几近含糊的称为建筑现象学。

但是，想要系统的梳理研究梅洛 - 庞蒂的建筑现象学思维却不是一件水到渠成的事情。与其他或多或少影响到建筑学发展的哲学家不同，梅洛 - 庞蒂的著作并非体现出一种清晰的线性发展脉络，与之相反，其似一朵浮云一样，显得无始无终，飘忽不定。因此，即使本书的作者乔纳森·黑尔教授花费了近 30 年的时间来研究梅洛 - 庞蒂，这本最终的成果，在哲学基础不甚深厚的普通读者眼中，可能依旧比较晦涩难懂。在译者初次通读本书时，所获得的第一个直观感受就是全书几乎都是由相互联系却又彼此独立的知识点松散构成，抽象的思辨性语言比比皆是，简短的实例点到为止，而较大的案例分析却几乎没有。这种高度哲理化的写作方式无疑增加了翻译的难度。因此，我们在翻译的过程中除了强调语句顺畅、准确达意之外，还为全书增加了许多译者注释，以求能够帮助读者精准理解作者的意图。除此之外，得益于译者与原书作者的工作同事关系，我们在翻译过程中也多次与黑尔教授进行了访谈，随时就一些理解难点进行深入沟通。这些沟通的细节也均以脚注的方式在本书中体现了出来。再者，作为《给建筑师的思想家读本》系列中出版较晚的一本，对本书的理解也或许可以参照先前已经出版的同系列其他书籍。例如，梅洛－庞蒂和马丁·海德格尔都是深受胡塞尔影响的同时代的欧洲大陆哲学家，他们的理念也颇有相通之处。但与梅洛－庞蒂不同的是，马丁·海德格尔在其著作中大量借助建筑来阐述其理论。因此，《建筑师解读海德格尔》一书就有可能被用来帮助读者理解本书了。

翻译的过程也给了译者深入理解并思考梅洛－庞蒂的机会。首先，这位“第一位后人类主义者”对于我们自己那与建筑物相比颇为渺小的身体有着近乎偏执的热爱，始终在用一种间接的方式呼吁建筑师对于人本尺度与感知的尊重。值得注意的是，在本书的开头处，原作者就强调了对于梅洛－庞蒂的建筑现象学的研究并不是为了提供一种设计方法，而是一种对于建筑的理解、叙述、感知的形式。这在当今高速发展、大量建设的中国值得关注。也许，当我们为尺度惊人的航站楼、高耸入云的摩天楼、造型奇特的博物馆，以及灯火阑珊的城市群感到无比兴奋的同时，也不应忘记舒展臂弯便能触及的范围，雅踱信步便能抵达的距离，滑过指尖即可感知的材料质感，举目环顾即可掌握的空间尺度。在大与小之间权衡本就是一种精妙的建筑艺术与设计技巧，而梅洛－庞蒂则提醒了我们，可以将自己的身体作为度量衡来把握这种精妙平衡。其次，本书基本反映了在世界范围内从建筑学角度思考梅洛－庞蒂的最高水准，从中不难看出，事实上在建筑界，对于建筑现象学的实践与研究依旧存在很多空白。在作者与译者工作的诺丁汉大学，我们清楚地看到了这一点，并且始终通过与博士研究生一道努力来充实这一方面的学术研究成果。如今，在博物馆与展陈叙事领域、建筑解读领域、城市认知领域以及计算机技术与建筑空间感知领域等，我们已经完成了几部博士论文，并发表了一些相关的文章。通过本书的出版，我们也希望能够在中国进一步推动针对建筑现象学的研究兴趣，扩大学术交流与合作。最后，则是对于本书写作与阅读方式的一种个性化建议。恰恰由于梅洛－庞蒂本身的核心理论——强调身体对于空间的感知——非常简洁易懂，这便赋予了本书一种可以用相对自由的方式进行阅读的可能。或许，从第一章一字一句地读到最后一章会使人感到迷惑，但何不选择在简单阅读完第一章的介绍性内容后，从后续任何一个章节随机开始您的探索呢？正如黑尔教授在我们对他的访谈中谈到的："对待像一朵云一样的梅洛－庞蒂理论，很难说哪里必须是开头，哪里必须是结尾。于是，我也采用了相对自由，富有诗意的写作方式来诠释他。"这是一本可以从任何一章、任何一节、甚至任何一组段落开始阅读的书。里面的那些小例子，小故事，诸如失去肢体的士兵、试验台上的小猫、装着机械臂的实验者、六号住宅里的卧室、不断提升技巧的足球运动员、女人的帽子、和沃尔索尔美术馆墙上的脚印，等等，或许都会在不经意间给读者带来创作的灵感与思索的惊喜。还有，何不选择去跳跃地阅读那些书中引用的梅洛－庞蒂的原文呢？这些漂亮的，充满诗意的语句更是值得细细品味的。也许，这再次暗示了本书从某种意义上可以与本系列中的其他书籍一并阅读——正是《建筑师解读德里达》深入解读了"解构主义"阅读的来龙去脉。

作为译者，我们感谢中国建筑工业出版社能够信任我们，使我们在本系列丛书中参与了不止一本的翻译工作。翻译讲究“信、达、雅”，在我们尽力企及这个目标的同时，也希望读者能够从中文译本中也享受到“自由的阅读并积极的思考”这一过程，这也是原书作者一直强调的初心。

类延辉　王琦
2019 年 12 月 18 日
写于诺丁汉，阿滕伯勒村

给建筑师的思想家读本

Thinkers for Architects

为寻找设计灵感或寻找引导实践的批判性框架，建筑师经常跨学科反思哲学思潮及理论。本套丛书将为进行建筑主题写作并以此提升设计洞察力的重要学者提供快速且清晰的引导。

建筑师解读德勒兹与瓜塔里

[英] 安德鲁·巴兰坦 著

建筑师解读海德格尔

[英] 亚当·沙尔 著

建筑师解读伊里加雷

[英] 佩格·罗斯 著

建筑师解读巴巴

[英] 费利佩·埃尔南德斯 著

建筑师解读梅洛 - 庞蒂

[英] 乔纳森·黑尔 著

建筑师解读布迪厄

[英] 海伦娜·韦伯斯特 著

建筑师解读本雅明

[美] 布赖恩·埃利奥特 著

建筑师解读伽达默尔

[美] 保罗·基德尔 著

建筑师解读古德曼

[西] 雷梅·卡德国维拉－韦宁 著

建筑师解读德里达

[英] 理查德·科因 著

建筑师解读福柯

[英] 戈尔达娜·丰塔纳－朱斯蒂 著

建筑师解读维希留

[英] 约翰·阿米蒂奇 著